JN023384

国土崩壊

「土堤原則」の大罪

河川管理施設等構造令 第19条

北村精男

幻冬舎 MC

国土崩壊
「土堤原則」の大罪
河川管理施設等構造令 第19条

CONTENTS

3章 行政の責任、学識経験者の役割

―序　文―

毎年のように水害で人命が奪われている。全集落が水没し、人が死に、先祖伝来の貴重な蓄積財産を全て失ってしまった、この事実が人類が宇宙に行っている今の時代の出来事である。河川に関することは、計画から企画設計、工事発注、施工管理、運営まで、全て行政が統括している。そこに民間の入る余地はどこにもない。

この全面的な行政主導の管轄下で、地震や津波ならともかく普通の降雨や台風に対して、「自分の命は自分で守れ」「早く逃げろ」「想定外だった」と大騒ぎしている。防災を代表する国のトップの面々が集まって、逃げることに5段階のランクを付けた。技術大国と言われる我が国で、人命と財産を守る一番大切な砦である防災施設に逃げるランクを付けるとは、全く言語道断で恥ずかしく情けない実態である。

降雨は地球誕生以来繰り返されている地球自体の営みである。自然の営みは他に、地震もあれば津波もあり火山の噴火もあるが地球はこうしたエネルギーの放出を続けながら生態系のバランスを取り、日常の素晴らしい自然環境を保ち続け、地球上の全ての動植物を育んでいるのである。地球の営みが何も想定外を起こしているのではない。何十億年も同じことを繰り返しているに過ぎない。そうした境遇の中に人間が地球上の覇者として君臨しているのが、今の時代である。

その人間が、想定外だと地球を批判しても始まらない。年々降雨量が増す中にあって、自然が想定外を起こしているのではなく、それを想定して防災構造物を造るはずの行政機関が予測を誤り近代科学の取り入れを無視しているから災害になっているのである。たかだか一日の降雨量が５００ミリや６００ミリ、大人の脛（すね）の高さである。それを想定外だと地球を悪者にしている。

また、「今夜は大雨が降る予想だから早く避難してくれ」と公共電波を使って逃げることを促している。国民の税金を使って「防災構造物」である堤防を造っておきながら国民に逃げろとは何事か。「今夜は大雨が降るから、お家でゆっくりとお休みください」というのが行政の本来の在り方ではないか。逃げていて解決するものなど何もない。何事も真っ向から立ち向かい、内容を徹底的に精査して、科学的に原理原則で解決するのが地球上の覇者の英知であり技術力である。

我が国の社会インフラ整備に費やされる建設投資額は平均すると年間約20兆円、その内の防災対策に毎年約３兆円が使われている。過去60年間で防災工事と災害復旧・復興事業に300兆円を大きく超える費用を注ぎ込んでいる。
また我が国のGDPに対する公共事業費は平均6%で推移しているが、国土面積や人口等を換算して世界の他国と比較すると、建設投資額は群を抜いて高額である。さらに、この度「国土強靭化基本計画」なるものを打ち立て数兆円を防災工事に投入している。この狭隘な我が国の面積に注ぎ込む防災予算は膨大で半端なものではない。また被災した被害総額、復旧費用、失われた人命、精神的・物質的な損害は計り知れない。

この膨大な予算は、全て国民が安全安心を願って国の行政機関に委任している税金である。本来防災構造物は国の財産であり我々国民の財産でもある。しかし既存の防災構造物が有事の時に壊れるから、これだけの膨大な費用を注ぎ込んでいるのである。

防災構造物は壊れないことが原則であり、年々延長して造る構造物は本来ならば国と国民の積立貯金的に蓄積していかなくてはならないのに、なぜこのような同じ災害を毎年繰り返しているのか。それは既存の防災構造物が崩壊するからである。国が定めた法令の中で河川管理施設等構造令（政令）第19条で定められた「土堤原則（堤防は土を盛って造ること）」という決まりごとがある。これを踏襲している既存防災構造物は、「自然の力」には最初から勝てない科学的要因を内包しているからである。

台風 19 号により堤防が決壊し、氾濫した千曲川（長野県長野市穂保）
写真提供：毎日新聞社

国土強靭化でこれからいくら巨額な費用を注ぎ込んでも、自然の力を受け止める原理を持っていない既存防災構造物の延長線上の構造を踏襲するのであれば、地球上の覇者である人間の学習能力の無さをまた上積みするだけである。

実は科学に立脚した壊れない粘り強い構造物「責任構造物」は既にできている。過去の災害を克服し、実績を持った構造材や工法は既に確立されていて海外でも大いに活躍している。一方、行政内部の思考や構造的な改革が著しく遅れているが故に、毎年悲惨な事故を繰り返す結果が続いている。紀元前に発想されたであろう「土堤」を今でも崇拝する「土堤原則」、「やったことのないことはやらない、使ったことのないものは使わない、前例がないから受け付けない」、このような「前例主義」をいつまでも踏襲している我が国は、防災後進国の最たるものである。

国土面積に対する投入予算やＧＤＰに対する国家予算比率から見た防災構造物に掛ける予算は世界の国々の群を抜いているが、その内情は「造っては壊され、壊れては造り」の繰り返しで、決して防災技術先進国とはいえない。一度やったことはコンピューターが正確に記憶し正しい答えを出す、それにＡＩ技術を加えれば同じ失敗は二度と起こさない学習能力に優れている。同じ事故をいつまでも繰り返している行政や政治家をＡＩ技術に置き換えれば失敗の繰り返しはなくなり、人手不足も一気に解決する。役人や政治家は古の決め事や法律を守ることではなく、「どうすれば国民の安全安心が守れるか、どうすればもっとより良い社会を創ることができるのか」を実行することが責務である。一度やったことのあることは自主的にＡＩ技術に譲るべきである。

このままでは国家も疲弊し国力も落ちるばかりであり、国土崩壊に至る懸念は大きい。

今こそ最新の科学技術を持って全産業の最先端をリードする建設イノベーションを起こさなくてはならない。「建設は日々新たなり」の意義と意味を、国民に強く問い結束を求めるものである。

1章

自然の営みと自然災害

積み重ねてきた人類の安全に対する基盤づくり

国民は有史以来、安全で安心して生活できる基盤を造り続けてきた。防災に対する政策を重視し、英知を集めて技術の向上を図り、安全で文化的な生活ができるよう努めてきた。その努力の反面で自然の猛威や威力には力が及ばず、「造っては壊され、壊れては造り」を当たり前のように受け入れてきた。

自然災害の種類は多く、それぞれに特徴があり、一律的な防災計画では立ち行かないが、災害の種類によって対策の要点を絞ることができる。被災の大きな自然災害を分類すると、①地震　②津波　③洪水　④台風　⑤火山噴火に大別することができる。これらの自然の脅威は規模こそ違え、何億年何千万年前から変わることなく繰り返し襲ってきている。人間にそれを事前に制止することは不可能である。

しかし、地球上の覇者である人間が、繰り返し発生する災害の一定のメカニズムを掴み、それを「迎え入れる構造」や「立ち向かう技術」、また「かわす技」を確立し、人命と国土を守り安全安心を担保することは可能だ。

科学は秒進分歩で進化発展している。その時代時代に即した機材や技術を駆使し、最善を尽くすことが地球を支配している我々人類の知恵であり、務めであり、責任である。人類は時代と共に進化している。同時に進化してきたはずの防災技術を自然界に試され、実証されているのである。自然災害を敵視したり逃げたりしていては未来永劫、安全安心は得られない。安全安心が得られなければ地球上の覇者としての資格はない。

自然の営みと自然災害の本質

繰り返される自然災害は、本来地球が営んでいる自働および自然活動である。現在の地球の覇者である人間や地球上の生物は、皆その自然活動によって生かされている。水の恵みをはじめ四季の恩恵を受け、豊かな自然の恵みを享受しながら動植物が育ち、人間は生活の向上が図れているのである。

その日常の恵みの反面で、人間生活を脅かす自然のエネルギーの放出がある。それを人間は自然災害だと対立的に捉えるが、地球を基盤として生活をしている人間が地球自体の営みについて文句を言ったり、苦言を呈するものではない。また、地球を自由にコントロールできるものでもない。人間をはじめ地球上に住む全ての動植物は、自然の営みと同調し共存して生きていく定めとなっているのである。

自然の放出するエネルギーの場所、時期、規模を正確に特定することはできないが、予測の精度を上げることは可能であるし、それが地球上の覇者である人間の知恵であり進化の力である。

自然災害とは何か。自然の営みが放出したエネルギーで人間が造った構造物が被害を受けて、日常の生活が脅かされた時、「自然災害」だと役所やマスコミが発表する。いくら豪雨があっても浸水がなく、堤防が破堤せず構造物に被害がなかった、人やモノが無事だった場合は自然災害があったとは言わない。故に防災構造物が本来の目的を果たし、人やモノを守り切れば、自然災害はなくなるのである。

人間は自然の営みとどう対峙してきたか？

人間は防災施設を造り自然をコントロールしてきた

地球上に住む全ての生物の中で、防災施設を自前で構えているのは人間だけである。なぜ人間だけが防災施設を設けるのか。それは人間がマイナス要素をプラスに変える知恵と能力を持っているからである。危険な場所でも防災施設を造ってその危険を払拭し、そこに文化を根付かせることができるからである。

他の動植物は自然界に逆らわず、自らの住める場所を見つけてそこを棲み処としている。また自然の地形や環境に自らを順応させて生存している。一方、人間の自由度と自然界の営みは一致していない。利便性を優先して低地に住めば浸水し、安全性を重視して高地に住めば日常生活が不便になる。そこで人間は自然界の構造や営みに逆らって、地球の形状を変化させ、防災施設を造ることで自然をコントロールしてきたのである。

防災施設が自然活動に負けているという不甲斐ない事実

地球上に降る雨は、水の持つ性質によって高地から低地へと流れる。地形に倣って集合しながら増量し海に至る。全く自然の法則どおりの営みであって、そのメカニズムは誰の指図も受けない。自然界は果てしなく時間を掛けて山岳を穿ち、渓谷を創り、三角州の大平野を造りながら大海に注いでいる。地球誕生以来、自然界の営みが延々と時間をかけて自由に創り上げてきた地球の造形に人間がメスを入れ、原形の自然環境を壊して、人間主体の有益性に変えているのである。

地球には多くの生物が生息している。その昔は恐竜が支配していた時代もあるが、今はたまたま人間が地球上の覇者である。地球上の覇者である人間が、自分の有益性のために自然環境を壊し、人工的に河川を造り、ダムを造り、住宅地を造り、農地を造り、工場用地を造って人間主体の生活をしている。

こうして一方的に人間が生活の基盤を造り、自然を制御しようとしている中、地球の覇者であるはずの人間側が自然の起こすエネルギー、自然活動にいつも負けているとは全く不甲斐ない限りである。自然環境は短時間では変化せず、時間を掛けて同じ現象を繰り返している。それに対して人間は、自然の営みと比較すれば超短期間で人工的に施設を造っておいて、その施設がいとも簡単に自然活動に負け続けているとは全く無策であり知恵のないことを証明している。

自然災害の激甚化と予見

無謀で無計画な都市河川が降雨災害を生む

自然災害の発生は、人間が直接指示を出し操作して起こすものではない。しかし、人間の果てしない欲望や節度のない行為が「地球温暖化」を引き起し、災害の原因に繋げていることは間違いない。地球側に立ってみると、これだけ安定した美しい環境を提供しているのに、あまりにも節操のない自分勝手なわがままを続ける人間どもに憤慨し、そのお仕置きと教訓として自然災害を送り出しているのではないかとも思える。

自然災害にはそれぞれに種類や規模があって、地球上の生物に多大な影響を与えてきた。古人は後世のために、何らかの形でその時の記録と対応の歴史を残してくれている。それは、同じ災害が繰り返されることを後世に認識させるための古人の知恵である。有史以来、天変地異が繰り返されてきたが、今も昔も変わらないのが一年を通じて頻繁に繰り返されている降雨災害である。

水の持つ性質によって、高きより低きに流れて地球の表面を穿(うが)ち自然に川ができた。降雨量によって河川の下流は大きく左右に移動し、この暴れ川の流量調節さえも自動で行っていた。しかしその自然の作用に人間が手を加え、暴れ川を固定するために造ったのが堤防である。それが「土堤」の始まりであり、人力でできた簡易な盛土であった。

その盛土は高さも低く集積水が増量するとすぐに堤防の高さを越えて溢れ出していた

（越水）、その時には堤防の外側も水嵩が上がっていて越水した水と堤防の外側水面がすぐに同調して同一水面を造り越水が危険なエネルギーに変わることはなかった。故に昔から堤防は毎年のように越水し氾濫していたが、現在のような被害はなかった。また、河川の下流域は遊水地域（浸水地）として農業用地や蓮畑として確保し、越水を前提にした地域開発がなされていた。

しかし、高度成長期に入り、浸水地域である低い土地が安価であることに目を付けて宅地開発が一気に進んだ。その結果、遊水地域がなくなり周囲の堤防も嵩上げされ、現在の無謀ともいえる無計画極まりない都市河川ができ上がってしまった。

予測の正確性を上げて先手を打たないと古人の知恵が無駄になる

古人は金を掛けずに河川と共生していたが、時代が変わり、河川の本質、河川の役割、河川のあるべき姿、また想定される河川の未来を深読みせずに無計画に今の都市ができ上がってしまった。さらにでき上がった都市は一面舗装され、工場ができれば地下水を汲み上げて地盤沈下が起こる、元々低地である所に浸透水もなくなり、更に地盤沈下が続いている。

■盛土による一般的な河川堤防

また、山間部に行けば山裾は山と山が重なり沢になっている。その沢の下端を宅地造成して住宅を建てている。沢は山の頂上に向かって標高を上げていき、その起点は頂上の分水嶺まで登るのである。その沢からそびえる山脈に降った雨水を全て下流に流す仕組みを自然が何万年も掛けて造り上げてきたのである。その自然の仕組みの最下流域に宅地を造成し、生活するのは無謀である。

降雨災害の後、上空から撮影した現況写真を見ると必ず沢の部分が被害を受けて流出している。自然の放出エネルギーは、環境破壊に準じてその規模も大きくなる傾向にある。現在に生きる我々がこれらのメカニズムを理解し、予測の正確性を上げて先手を打たねば、後世にと古人が残してくれた過去の記録や対応の歴史は無駄で意味のないものになってしまう。

2章

責任構造物としての防災施設の使命

防災に関わる構造物は国土を守る重要な責務を負う

肝心の時に崩壊してしまう既存の防災構造物

防災に関わる構造物は全て重要な責務を負っている。故に防災構造物は「責任構造物」である。国民の拠出金で出来た国民共有の財産でもある。

例えば、河川堤防や海岸防潮堤等は、水や波を制御するために構築するのであって重要度は大きい。その役割は、川の水が豪雨によって増水した時、あるいは津波等で波が高まった時に国土・国益を守るために働く、正に責任構造物である。

その責任構造物は普段の日常には何の役目もなく、多くの金を食い大面積と大きな図体をさらして居座っている邪魔物である。洪水が起こり、また高波に襲われた時が肝心の出番であり、本領を発揮し責任を果たさなくてはならない。

ここで使命を果たさなければ本当に無用の長物であるが、それが既存の構造物は肝心の役目を果たすべき時に崩壊してしまう。これでは何のための構造物か、何が目的で構築したのか責任構造物の真価が問われる。責任構造物の崩壊が甚大な災害を引き起こし、多くの人間を殺し、財産を消失させているのである。

既存の防災構造物が本当に責任構造物としての役割を果たす材料で出来ているのか、本当に責任の持てる科学構造をしているのか、全権を掌握している関係官庁がまずもって検証しなくてはならない。いかなる場合でも、災害に対抗する最前線は国の行政機関である。国の造った責任構造物である防災構造物が崩壊することは重大なことであり、はっきりとした崩壊の理由を挙げ責任の所在を明らかにしなくてはならない。

「やったことのないことはやらない、使ったことのないものは使わない、前例がないから受け付けない」という「前例主義」を踏襲していては、納税者である国民は、壊れる前提のものに大金を拠出するだけで、安全は永遠に享受できない。

最先端の科学技術を駆使し、災害に対抗しなくてはならない

有史以来の災害の記録を基に、最先端の科学技術を駆使して防ぎ切れないものは仕方がないが、想定ができる時代であり、また、想定をしなくてはならない科学技術の時代にあって「想定外」とは断じて言えないし、言ってはならない。また、科学技術は秒進分歩で発展進化している。防災に関わる内容は人の命が懸かっている、最先端の技術をいち早く

取り入れて対抗しなくてはならない。「建設は日々新たなり」の所以である。

人命と財産を守る最重要課題である国土防災にこそ最新の科学技術を取り入れ、今の時代の最新素材と最新工法を駆使した責任構造物を造ることが、行政の国民への責任であり信頼である。防災構造物は国民共有の財産として蓄積していくべきものであって、いくらコストが高くても壊れないものを造ることが大前提である。

科学原理に適合し実証済みの強固な防災施設が年々増強されて延長していく、これが国民の安全と安心を守る国民の財産である。そして災害を繰り返さないことにより災害復旧費も激減し、大きな減税にもつながるのである。

繰り返す河川災害の根本的原因は「堤防の構造」にある

堤防が決壊、崩壊する三つの主要因とは？

降雨量は、短時間危険雨量でもせいぜい100～200ミリであり足首までの水嵩だ。一日の雨量が過去最大だ、と騒いでいるが500～600ミリであって大人の脛の高さである。この降雨の集積場所が河川である。降雨面積と地形、流入場所、河川の水量収容容

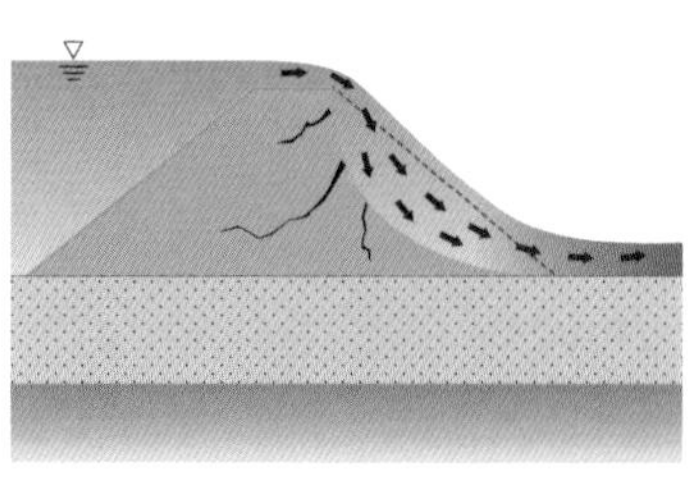

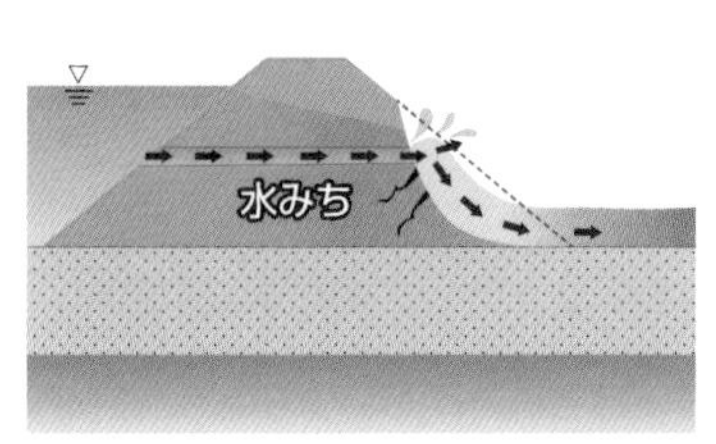

積、高低差、屈曲角などで河川の性能が決まるが、これらは全て構築前に決めるべき設計事項である。

毎年のように起こっている河川による災害は、単純に低きに流れる水の性質を制御することができず、大災害を繰り返しているのである。この原因は河川そのものの性能に帰するところが大きいが、根本的な原因は「堤防の構造」にある。堤防の決壊、崩壊の主要因として次の三つを挙げることができる。

① 越水破堤

河川に集積した水が容積限界をオーバーして堤防を越えて溢れ出し、外側の土砂を削り取っていくことによって堤防の強度が落ち、その結果、堤防が内水圧に耐えきれなくなって破壊される。

② 浸透破堤

増水した河川の水が堤防の粗粒の部分に浸み込んだり、「蟻の一穴」と言われる虫や動物などが開けた穴が堤防の外側面を貫通して水道（水みち）となって徐々に拡大することによって堤防がもろくなり崩れる。

③　浸食破堤

河川に集積した水の量が増えると流れが速くなり、それに伴って土砂や玉石、流木などが混ざる比率も高まるために水の質量が上がってエネルギーが増大する。大きなエネルギーを持った濁流が河川の内側を破壊し、堤防本体を浸食して破堤に至る。

③浸食破堤

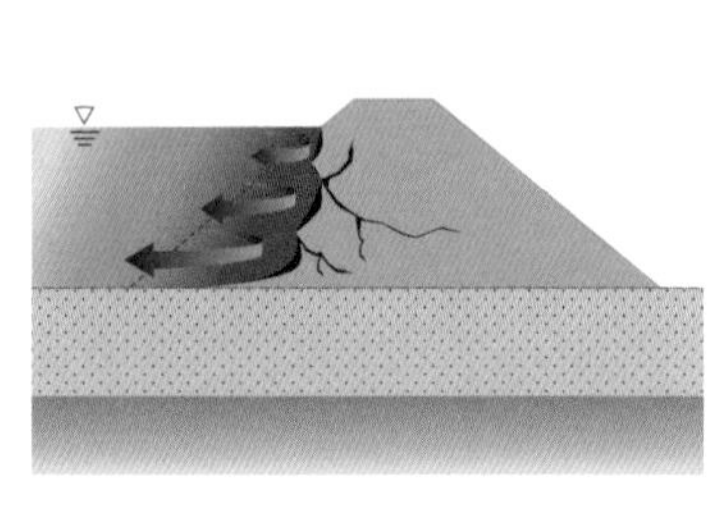

自然災害の威力に勝てる強固な防災施設を造ることが解決の道

どんな降雨に見舞われても、堤防が決壊しなければ大災害には至らない。そのために堤防は「責任構造物」として存在しているのである。壊れるものを造るから逃げる、という安易な方に傾き、逃げるからいつまで経っても解決には至らないのである。

防災の専門家が言う災害のメカニズムや、自然界が異常だといくら文句を言っても災害は繰り返されているのだ。それより、自然災害の威力に勝てる強固な防災施設を造ることが解決の道である。自然災害を防ぐのは、防災の学者や専門家ではない。「頑強な防災施設を造る専門家」が主役でなくてはならない。

土堤への妄信が河川の役割を妨げている?!

「土堤原則」が大災害の要因となる天井川を拡大させてきた

「水は高きより低きに流れる」「海は水を辞せず」「水は低きに流れて海に至る」「水を制する者は国を制する」と昔から言われ、水の性質や役割、威力は周知のところである。海は流れ入るものを拒まない。流木でも家屋の残骸でも車でも家電でも黴菌でも放射能でも、何でも受け入れる。どのような大雨でも、記録的な豪雨でも海はそれを受け入れている。海が受け入れを拒んだが故に洪水を引き起こした、ということは未だない。

河川には、集積した雨水を海に流して災害を防ぐという重要な役割がある。この役割を果たすためには、河床の高低差と集積面積に対する収容容積が適切でなければならない。

降雨面から集まった集積水が海に流入するメカニズムが物理的にバランス良く整ってい

ないと河川の役割は果たせない。特に高低差に関しては、流れ始める「起点」から終点基準である「海抜」に向けて線を引きそれを河底にすることを基準として高地があれば掘り下げて流路を造り、人の住む生活基盤よりも河床の方が高くなってしまう「天井川」を造らないことが重要である。

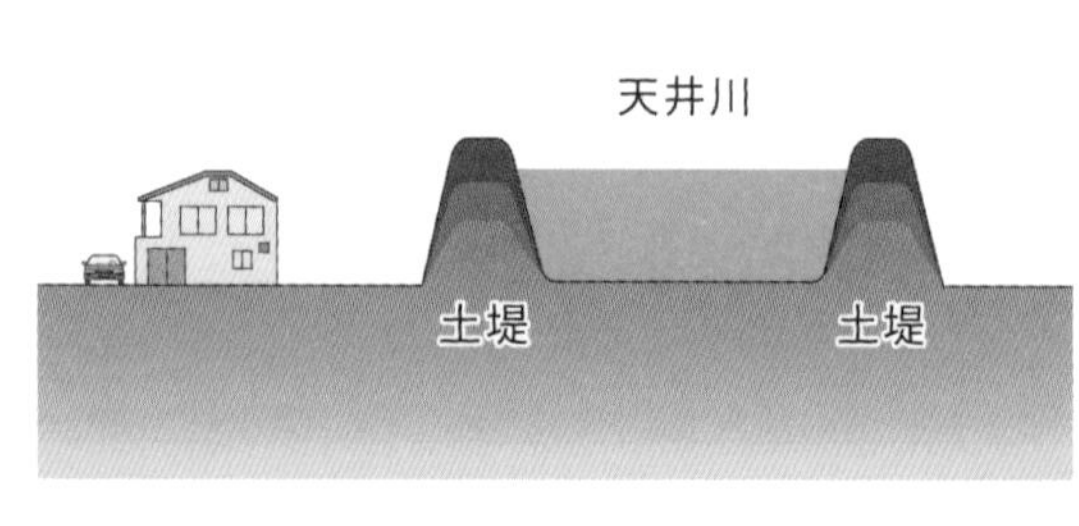

堤防の構築に当たって古人は、近くの土を人力で掘り、それを人力で盛り上げて成型して完成に至った。そのため、堤防は三角錐の形をしている。またその昔、堤体を造る材料として手軽に入手できるものは「土砂」しかなかったので、土砂を盛り上げていくと必然的に今の堤防の原型となったのであるが、紀元前の時代の構造体である。

この土を盛り上げて造られた「土堤」を行政は河川堤防の標準形状としてきた。堤防と言えば土堤でなければならず、これを「土堤原則」として政令で定め、その機能を「安全の守り神」と妄信してきた。言わば「土堤ラバー」である。

特に河川や海岸堤の責任を負う行政のトップクラスの者が「堤防の構造とは土堤」であ

ると断言し、その補強工事の際に土堤に物を入れることすら頑なに拒んできた。そして次々と土堤を高くし、天井川の規模を拡大してきた。天井川の拡大は大きな事故になる要因を増幅させているのである。

科学的解明の遅れと無知、行政の前例主義の重大な誤り

河川は、海抜に向かって流れる高低差をつくりそれに沿って河床を設定し、天井川にしないことが原則である。現在では、河川を掘り下げる施工技術は全く問題ない。河川の容積を増やし、流速を速めるための新規技術の導入が急務である。

現存する堤防を安全の象徴としてきた土堤原則は、現実に自然の洗礼を受けて次々と崩壊している。これは全て科学で解明できる内容であり、不思議でも奇怪な現象でも想定外でもない。災害のたびに、人命や財産を守る責任を果たすはずの堤防が崩壊している原因は、指導者の科学的解明への遅れと無知である。また、先進技術を取り入れない行政の古い体質である前例主義の重大な誤りが生んだ結果である。

土堤原則を頑なに守り続けて大災害を繰り返す大罪

国民の命と財産を守るという堤防の本質が抜け落ちている

河川法に基づき制定された河川管理施設等構造令（政令）第19条に「堤防は、盛土により築造するものとする」とある。これが今の時代のものである。その理由は、①材料の入手が容易である、②構造物としての劣化が起きない、③地震によって被災しても復旧が容易である。このような単純な利点を挙げているが、肝心な堤防の骨子である「堤防の本質は国民の命と財産を守る絶対に壊れてはいけない責任構造物である」という主題が抜け落ちている。

世界の技術は秒進分歩である。その「技術の発展進歩」を置き去りにして紀元前のやり方を法律で固定するとは何事か、科学技術の進歩を法律で止めれば暗黒と悲劇の時代がいつまでも続くことは明白である。

堤防という国民の命と財産を守る一番大切な責任構造物を造るに際して、「材料の調達がしやすく劣化が起きないから、壊れた堤防を直しやすいから〝土堤〟とする」、このような単純な理由で最初から壊れることを前提にして、材料と構造と造り方を「政令」で決めている。この政令を決めた行政の責任者は極めて重大な間違いを犯しているが、このような単純な内容でできた政令を何の疑問もなく延々と踏襲してきた政治家や行政関係者の無知と無責任による政策踏襲は絶対に許しがたい大罪である。

この学習能力のなさによって毎年毎年同じ災害を繰り返し、多くの人命と蓄積財産が流出している。前例主義を踏襲することの恐ろしさになぜ行政関係者は気付かないのだろうか。国民の命と財産を守る大切な責任構造物である堤防こそ、「世界の最先端の素材と施工技術をもって構築すること」と政令で決めるべきである。「建設は日々新たなり」の所以でもある。

今の時代にこのような紀元前のやり方を法制化して頑なに守っていることの不合理に、数十万・数百万人いる行政や政治家、専門家等の関係者の誰か一人でも気が付く者はいないのか。

日本国は、決して防災先進国ではない。過去に300兆円以上の資金を注ぎ込んでいるが、防災構造物の積み立て貯金にはなっていない。造っては壊れ、壊れては造りを繰り返していて、堤防の本分である壊れない粘る構造体を造っておらず、昔から先輩がやってきたことの踏襲に固執する役人の古い体質が、毎年死者を出し国民に大損害と不安と恐怖を与え続けているのである。

既存の堤防・防潮堤は「砂上の楼閣」に過ぎない

防災構造物を代表する河川堤防の「土堤」は、古人が現場近くの土砂を掘って積み上げた土饅頭を三角錐型に成形した断面を構造物の原形としている。この土堤が受け持っている役割は、川の水が増水して水嵩が上がれば堤体の内部に生えている雑草が水をはじき、増水した全体の水のエネルギーは堤防の重量で受け持っている仕組みである。

構造物を地盤に載せただけのフーチング構造であって、延々と続く長大構造物であるが、延長方向に絡み合い結び合って引っ張り合う一体構造機構ではなく、土の上に手巻き寿司を伸ばして置いてあるような脆弱な構造体である。こうした構造を科学的に見ると、自然界の大きな威力を持った災害力に対抗するに足る原理的な機構を最初から備えていない。

重要な構造物を構成している材料を分析すると、土堤を構成しているのは「土砂」と「雑草」であって、地震波等の繰り返し起こる振幅運動や衝撃、また水に対しての抵抗力は弱く、地震時に地震波を受けると、土堤を構成している土砂は液状化して沈下し、原型をなくしてしまう。続いて水の攻撃を受けると、土砂は洗い流されて粘着力が奪われて崩れてしまう。いずれも、長大構造物の形状を保つことは原理的にできない。

また、フーチング構造の最大の弱点は、構造物を地球の上に載せている構造であるため、激流で底面が浸食されるか、壁体の裏側に水が回るか、水が壁体を貫通すると簡単に倒壊してしまう構造であり、責任構造物に求められる「粘る」ことができない。

土堤を原則とし、フーチング構造でできた既存の堤防や防潮堤は、構造体を形成している重要な原材料が、目的とする責任構造物には適合しておらず、構造物自体も地球の上に載せただけの長大構造物で、正に「砂上の楼閣」である。安定を求め、繰り返しの粘りを本分とし、絶対に崩壊してはならない責任構造物として使命を果たす原理を最初から持っていない。国民が信頼の絆とし、安全安心の砦としている既存の河川堤防や防潮堤は、科学的にも原理原則からしても信頼のおける構造物ではないのである。

行政責任者の前例主義と正義感行政に終止符を

古人の考え出した昔の土堤河川は規模が小さく、堤の高さも低いものであったので、河川内部のエネルギーが小さい時に堤防全体から水が溢れ、溢れた水の水位が、河川の外水面とすぐに同一化し一面になるので堤防の決壊には至らなかった。

昔は河川決壊の大事故などほとんどなかったが、「土堤ラバー達」は、そうした土堤の簡易さの原理を拡大解釈して、土饅頭でできた土堤が堤防の原則だと錯誤し、同じ材質の土砂を高く積み上げ同じ形状のものをいつまでも踏襲して拡大し、「天井川」にしてしまった。天井川を流れる水位が上昇し頂点に達すると、河川内部のエネルギーはダイナマイト何百トン何千トン分ものエネルギーに増幅されている。その強大なエネルギーに土堤が耐えられるはずがない。あまりにも非科学的で前例主義が暴走している結果が、年々同じ災害を繰り返し、尊い人命を失い、蓄積財産を霧散させているのである。

今回の台風は大きかった、強かったと全国で騒いでいるが、本当に台風によって被災した部分は小さく、大災害のほとんどは堤防の決壊によるものである。役所が私たちを守ってくれている、命が有って良かったと一般市民がインタビューを受けているが、そうではない。紀元前から存在するであろう土堤を、今の時代に法律化し政令で土堤原則として頑なに守っている行政の古さの責任であることは明白である。今までに関わった行政責任者の前例主義と正義感行政に終止符を打ち、科学で分析した現実を国民の手に取り戻さないと、いつまでも行政主導が続き、破堤の理由も「想定外」の結論に落とし込まれてしまう。

既存の河川の存在理由を問うことの重要性

行政も国民も河川の存在理由や役割にもっと関心を持つべき

災害は「防げる」ものと「防げない」ものに大別できる。地震や津波、火山噴火は、場所も規模も時期も事前に特定するのは困難であるため、防ぎ切るのは難しい。それに対して降雨は、予測もできるし対応もできる。つまり「防げる」内容である。

地球表面に降った雨水は、集積しながら低地へと流れていく。その雨水をまとめて海に運ぶのが河川である。洪水被害は降雨量が全てではなく、降雨の集積の仕方、集積水を下流に送る河川の在り方に問題があるのである。

河川は、地球の表面を流れ下る流水によって削られてできた自然の川と、人間が造った人工的なものとがある。自然にできたものも人工的にできたものも併せて、河川は全て役所の所轄であり、管理や責任は役所が管轄している。

災害の頻発している既存河川そのものの必要性や必然性、また、河川の用途や役割を今の時代環境から全面的に見直すことが喫緊に必要である。既存の河川の存在理由を問うて

■高低差と天井川の関係

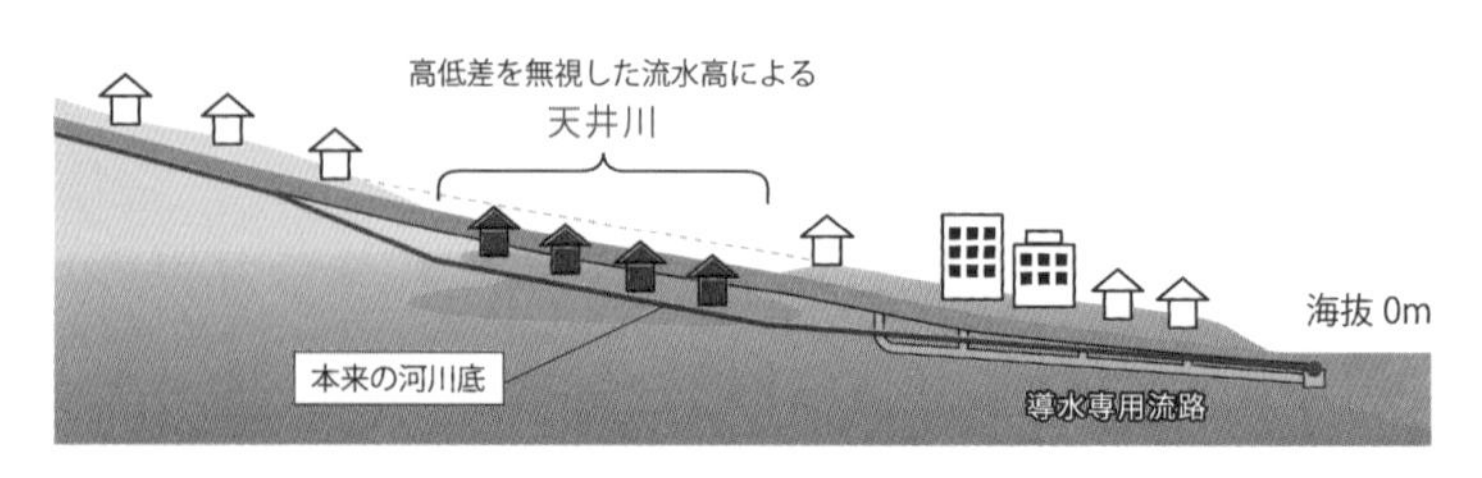

みることこそ、行政の最重要課題である。なぜここに川が流れているのか、この川は何の役割を果たしているのか、災害の勃発する原因を内包しているこの河川の存在に、国民ももっと関心を持つべきである。

河川の氾濫を誘発する基本的要因は天井川にある

降雨による水は、画一的作用により高き所より低きに移動し海へ流れ込む。この循環を人工的に制御している構造体が河川堤防である。水の流れが始まる「起点」と流末を示す「終点（海抜）」、この間の高低差を水自体の性質で流れ下っているのが河川である。起点と終点を表す高低差を河底に設定し、最高水位を決定すると、それより高い位置は安全地帯となる。高低差より低い土地は当然水溜まりとなり、そのままでは人は住めない。流水高さより高い土地では浸水の被害は起こらない。水の性質による科学は、非常に単純で明快である。

既存河川で頻発している浸水被害は、高低差を示す河底および流水高と、生活地盤の高さとが原理に合っていない結果である。理想的な河川形態は、標高差を十分取り、流水高さに余裕を持たせるために河川幅を広く取り、流水高の上に生活地盤高をしっかりと確保することである。既存の河川は、終点となる海抜からの高低差を無視し、既存の生活地盤の上に流水高を持ってくる「天井川」となっている。その天井を支えるのが土を盛り上げた昔ながらの土堤である。

降雨を地表面が受け小さい水路（静脈）で集めて本流（動脈）に流し込むと、本流を流れる水量は段々と容積を増し、水位が高くなって河川内の水圧は上昇していく。その結果、本流（動脈）の水が支流（静脈）の方に逆流していく「バックウォーター現象」が起こる。本流が上流で集積した水量を下流の支流に押し戻すことになる。本流に集積できない降雨の残量に本流から逆流水が入ってきて積算される。これは全て科学のメカニズムである。

浸水被害のあった鬼怒川も真備町も嵐山も福知山も標高は10メートル～30メートル以上の高い地形の場所である。標高の高い場所で浸水する理由は、河川の河床が高く、天井川の構造となっていることの証明である。河川の氾濫を誘発する基本的要因は天井川にある。上流の山林伐採や都市化による舗装面の広がりで、浸透水量が減少し一気に水嵩が増す。

■バックウォーター現象

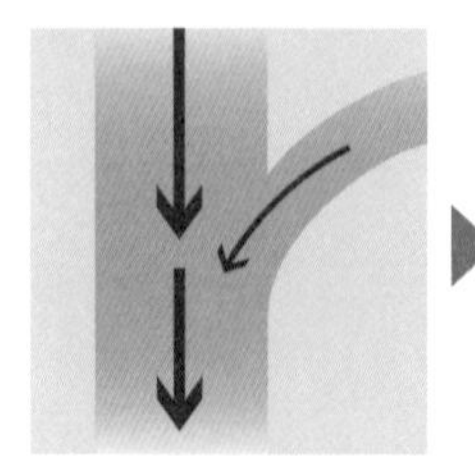

通常の合流

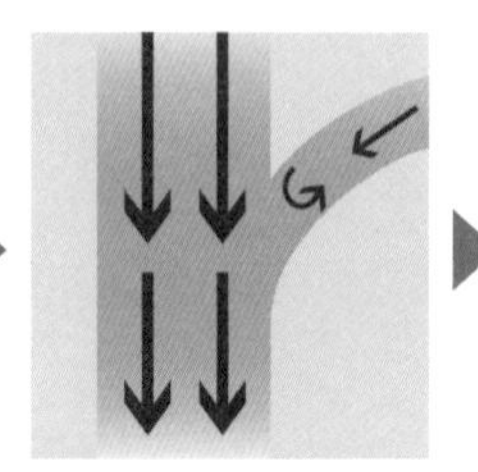

本流の水位が上昇し支流が流れ込みにくくなる

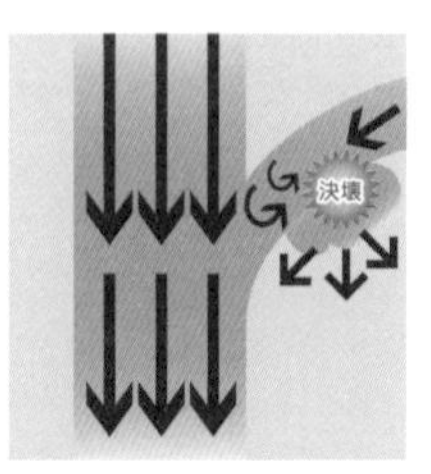

支流の水位がさらに上昇し上流で決壊

■天井川が出来るまで

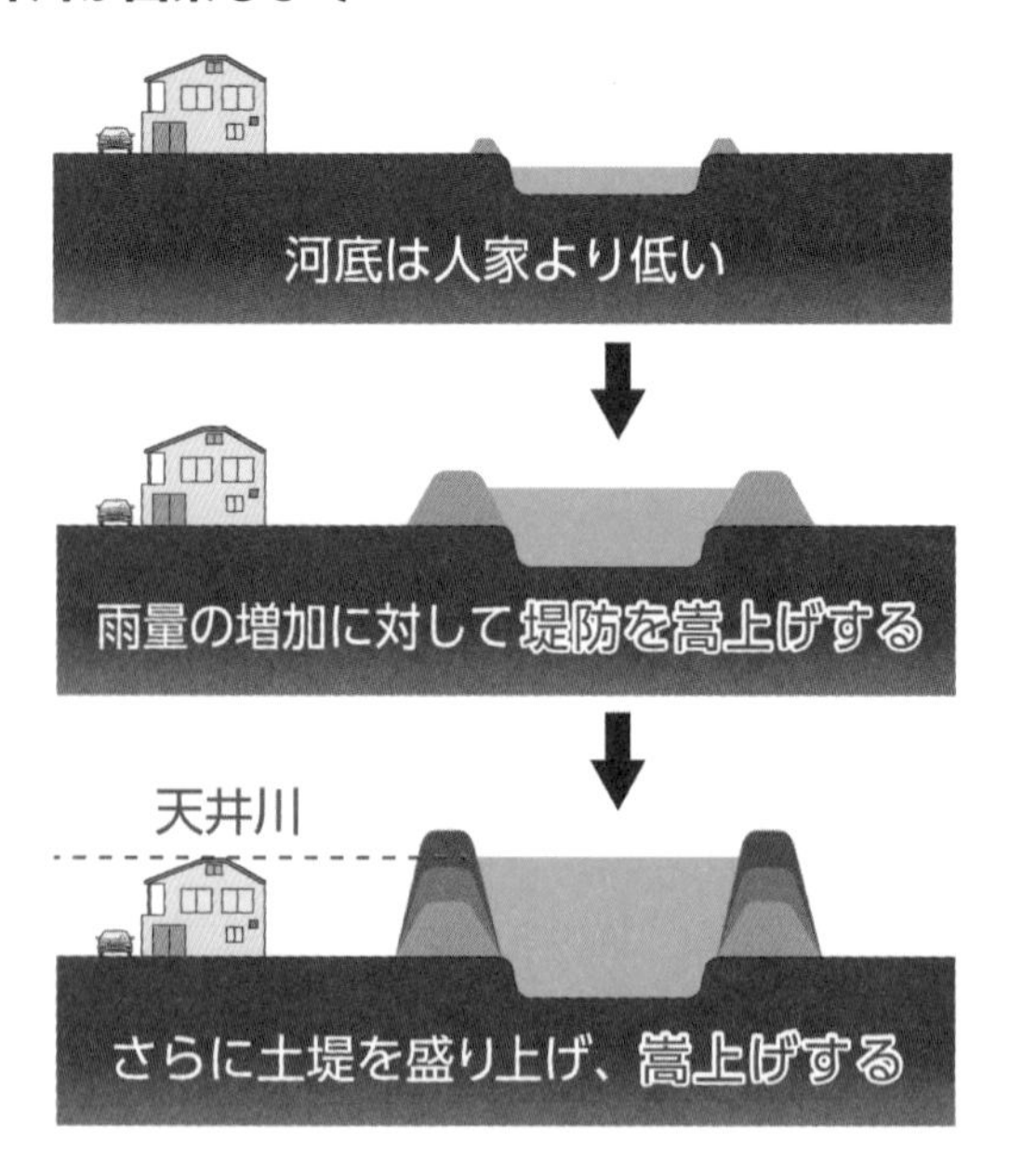

その対策に土堤を盛り上げて堤防を嵩上げしてきたが、天井川の嵩上げは破堤の危険度を増幅し、自然との共生に逆行しているのである。

流速や高低差のバランスが崩れれば、河川本来の機能は失われる

増幅する降雨量や自然環境に対応して総雨量の収容を拡大するために天井川にするのではなく、河川の高低差を見直し、河川底を掘り下げることが原理的解決方法である。河川は、広域的に降雨を集める小川（静脈）と、集積した雨水を収容する本流（動脈）とからなるが、本流には流水高を調整する川幅と、流速を調整する勾配が必要である。長距離に及ぶ河川では集積した総雨量が積算されて増幅されていく。集水の役割と、導水の役割に加えて、総量を下流に導く「導水専用流路」を設けないと逆流の恐れがあり、浸水の危険は払拭できない。

特に都市近郊河川は人間の手によって人工的に造られているが、その計画は全て行政が掌握し管理している。河川全体の雨水の収容容積・流速・流量・高低差、このバランスによる全体の構造物の強度が保たれていて河川は正常に稼働するのである。どこかでバランスを崩せば、河川本来の機能は失われる。

このように河川のメカニズムは科学に裏付けられた単純な機能で保たれているのである。この機能を高度に維持し守る技術は既に完成している。逃げることばかりに精力を使い、科学を無視して河川を恐れていては、いつまで経っても解決には至らない。

河川堤防の崩壊に対して国民はどう対処すべきか？

国民の血税を行政が濁流に捨てているようなもの

既に述べた通り、堤防崩壊のメカニズムはハッキリとしているが、そもそもの原因は、計画段階の調査不足やデータ不足、本質の読み違い、設計上の認識不足や前例主義の踏襲による機材や工法の古さ、役所主導による科学技術検証の無精査と施工上の完成度の低さにある。土堤原則を踏襲してきた行政は、堤防が土饅頭でできていることに何の違和感も持たず、土堤を新しい建材を使って補強することすら拒み、「土堤に異物を入れるな」と、一喝してきた。堤体の構造や役割は科学で証明できる。

現在使っている堤防の補強材であるシートパイルや鋼管、コンクリート壁体は本来主構成構造体を成し、既存の土堤が異物であることが証明できる。

責任構造物は、国民が血税を納めて安全を担保するために行政に任せたものである。「今夜は大雨が降るから逃げてくれ」ではなく「今夜は大雨が降るからお家でゆっくりと休んでいてください」というのが本筋である。そのために堤防を造ったのである。逃げることが優先なら、最初から堤防は造らず、逃げる手段に金を掛けるべきではないか。

最初から逃げるという「抜け道」をつくるから、安全で安心して暮らせる世の中がいつまで経ってもでき上がらない。造っては壊れ、壊れては造りして、被災地では尊い人命を失い復興には莫大な金を掛けて、また同じことを繰り返している。これではいつまで経っても、国土に良質な防災資産の蓄積はできない。国民はいくら働いても頑張ってもその代償を、行政が濁流に捨てているようなものだ。

国民運動を起こして、防災に対する抜本的な改革を検討するべき

国土防災の重大さや課題は、全て行政機関が掌握しているはずである。この行政が公共放送を使い、自治体を使って国民に逃げることを強制している。これは自分が企画し設計して造った堤防が信用できない、国民を守ることができないと言っているのと同じである。

国を代表する防災の専門家が会議を開いて逃げる基準を作成し、「逃げる順番をレベル

1から5までとして定めた」という。言語道断であり、何とも腹立たしく情けない限りであり、無責任も甚だしい。基準レベルをつくって国民に発表するなら、行政主導で造り上げた堤防の脆弱度をレベルで表現すべきではないか。自然災害から逃げることが前提であれば、未来永劫国民の生活の安全と安定は望めない。逃げて解決することは何もない。政治でも経済でもスポーツでも企業経営でも、受け止めて、立ち向かって初めて解決の糸口は掴める。

現在、堤防崩壊を完全に防ぐ科学技術は既に確立している。行政の取り組みに抜本的な「思考の革命」と「改革」がなくてはこの悲しい事態はいつまでも繰り返される。国民も、災害に対する真理や実態を知り、税金の使われ方やその役目の意味と意義をしっかりと理解し、国民運動を起こして、防災に対する抜本的な改革を検討するべき時期に来ている。

発展進化が阻まれている既存の防災構造物

人間は時代時代の最高技術で自然災害と戦い続けてきた

防災目的に構築している既存構造物はほとんど全てが「土堤原則」を主体とした構造で、

地球の上に土砂を盛った三角錐型の長大構造物が主流である。またそれをコンクリートで被覆したものもある。海中に構築する防波堤や岸壁は、一個が100キロから数トンの割石を基礎材に使用し、捨石として海底に敷き詰めて調整し、その上に「ケーソン」と呼ばれる数十トン、数百トン、数千トンあるコンクリートでできた箱形状のブロックを沈めて並べ、長大な壁体を造るのが主流である。いずれの構造物も地球の上に載せている「フーチング構造」と言われるものであり、自然災害の威力を受け止める防御原理は「構造物の自重」に頼る構造である。

自然界が発するエネルギーは、地震による衝撃波や、津波による波力、台風、洪水、高波、土砂崩れ等であり、それぞれの要因によって発せられる起振力や総力は個別に違うが、発生するエネルギーはいずれも大きいものである。この自然の強力な破壊力を防御するのが防災構造物であって、古人がその時代の資材・建材を使って最高の技術を持って施工にあたり、自然災害と戦い続けて今の近代文明の樹立に辿り着いたのである。

最新の科学でできた資材と最新技術による工法への転換が急務

有史以来の戦いは、気まぐれな自然界の挑戦を、人間が人知で受け止めて勝敗を決して

■「構造物の自重」に頼る構造の防潮堤・防波堤（フーチング構造）

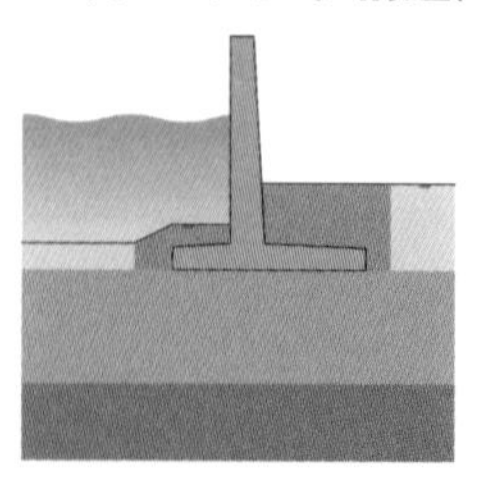
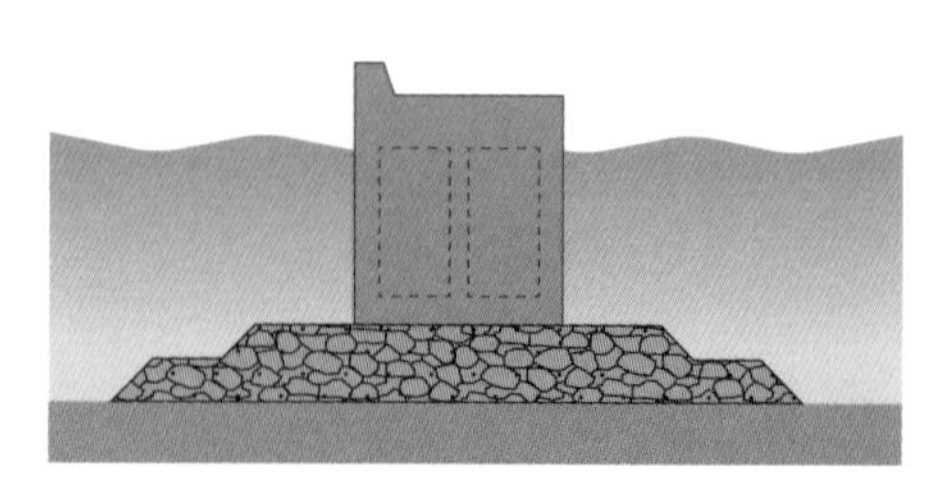

きた。人間は時代と共に進む科学技術を駆使し自然に立ち向かってきたが、その中で特に強敵となるのが「水」である。「水を制する者は国を制する」と言われるが如く、水は人間にとって必須の宝であるが反面扱いにくく、変身すると一変して荒れ狂う恐ろしい自然界の怪物となる。数ある自然災害の中で、この水の災害を制するために構築する河川堤防や防潮堤が、国民の身近に幅広く接している防災構造物の代表である。

これらの防災構造物は時代と共に発展進化していくべきものでありながら、行政の前例主義の暴挙に阻まれて進化が止まっている。災害の前例を教訓として同じ過ちを犯さないことが人類の唯一の知恵と力であるのにかかわらず、毎年自然の力に打ち負かされて多くの犠牲者を出している。

業界では早くから解決方法を確立している。一日も早い国内全河川の抜本的な見直しが喫緊の課題である。昔なが

■東日本大震災で崩壊したフーチング構造の防潮堤

らの土堤にいくら金を掛けても、改造しても、根本的な構造原理が大昔にできた人力主体のものであり、非科学的であること極まりない。国民の安全と安心を守る防災構造物は、最新の科学でできた資材と最新技術による工法で構築された責任構造物でなくてはならない。

既存の防潮堤は地震や津波に耐えうる構造ではない

責任構造物として、有事の際に果たす役割は重大

防潮堤は、河川堤防に次ぐ重要な役割を持っていて、地球上で最も大きい水溜である海の外壁を構成している。「海は水を辞せず」の言葉通り、海は地球の陸地面から出る全ての流入物を受け入れる広大な容器である。防潮堤は、高潮・高波・津波等、自然の起こす現象の営みのピークカットの役割を果たす構造物であり、河川堤防と同じく責任構造物である。

平常時において海は、押し波と引き波とを規則的に繰り返し砂浜を漂う安定した波打ち際を形成しており、防潮堤の役割は何もない。しかし気候変動や津波発生時に果たさなく

てはならない役割は大きく、正に責任構造物の最たるものである。
もし外壁が破れると大量の海水が一気に陸地に流れ込み、甚大な被害をもたらす。普段は不要のものであるが有事の時に、海の器の外壁として、守り抜いてくれるか崩壊するかで、天国と地獄の差が出る重大な責任構造物である。

素材も構造も物理的・科学的に不適格

防潮堤は、数百メートル、数千メートルと延々と続く長い「長大構造物」である。土堤をコンクリートで覆い、上部に波返しのパラペットを載せた断面形状が標準的な形状である。一般的には砂浜を掘削し、コンクリートを使って台形の「モナカ構造」を構築している。モナカの外側に当たる外壁の部分はコンクリートで造り、中詰めにあんこの替わりに土砂を詰めたものである。

このモナカ状の堤体を地球の上にそのまま置いた構造であり、歯が抜けた高齢者が総入れ歯を歯茎の上に載せているのと同じような状態である。「砂上の楼閣」の如く、地球の上に置いた長大構造物であり、原理的に何の災害もない状態の時でも全体の体型を維持し保てる構造ではなく、基本的に至って脆弱な構造形態である。主要材料は、コンクリートと土砂で、形式は「フーチング構造体」であって、波を防ぐ抵抗力の仕組みは構造物自体の重量である。

地震時には、この長大構造物に対してそれぞれの位置に地震波が襲う。地盤の違い、構造物の線形の違い、構造物に当たる振幅の強弱や角度等から、前後・左右・上下に、ねじれのエネルギーや衝撃を繰り返し受ける。

地震波はフーチング構造物が載っている底面の地盤を繰り返し揺動させて、構造物の慣性力（その場に留まろうとする力）と反発作用を起こす。構造物の慣性力に対し、地震波のエネルギーは比較にならないほど強力なものであり、構造物がいくら大きくても地震波の盾にはならない。地震に見舞われると、人間の掌でドミノをやっているようなもので、何の踏ん張りも、粘りもなく、モナカの皮の部分はガラスか煎餅を割ったような無残な姿になり、中身のあんこの部分の土砂は、垂れ下がって拡散する。

このように既存の防潮堤は、「主要素材」がコンクリートと土砂であり、物理的・科学的に不適当な材料である。壊れてはならない、粘ることを求めている責任構造物としては、最初から素材も構造も不適格な構造体である。また、重量で対抗する構造であるフーチング構造も防潮堤には適していない。歯茎の上に置いているだけの構造では、地震や津波

■防潮堤の構造

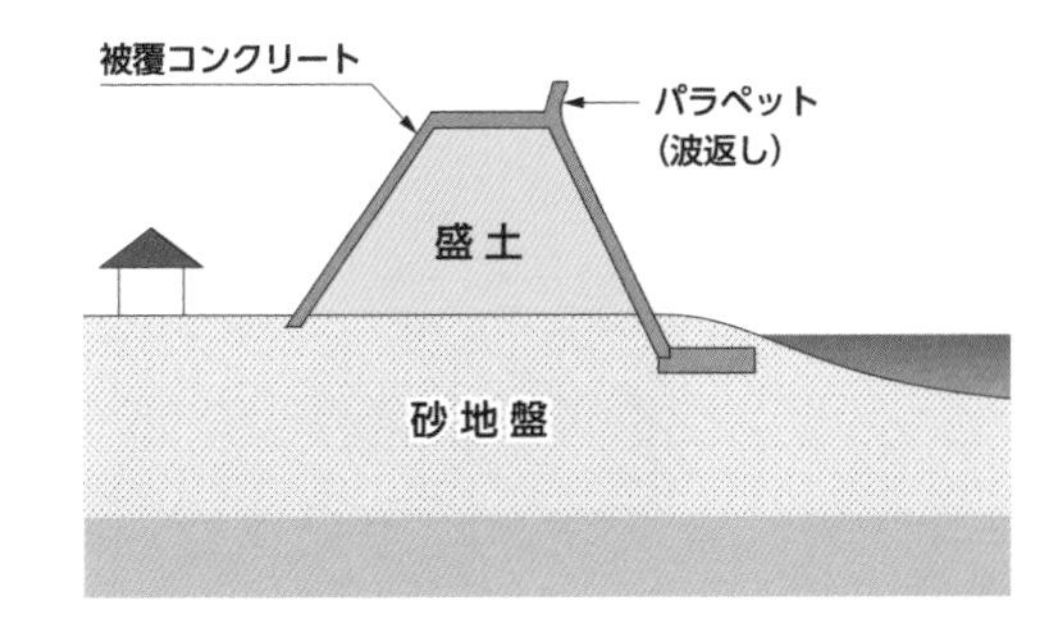
被覆コンクリート
パラペット
（波返し）
盛土
砂地盤

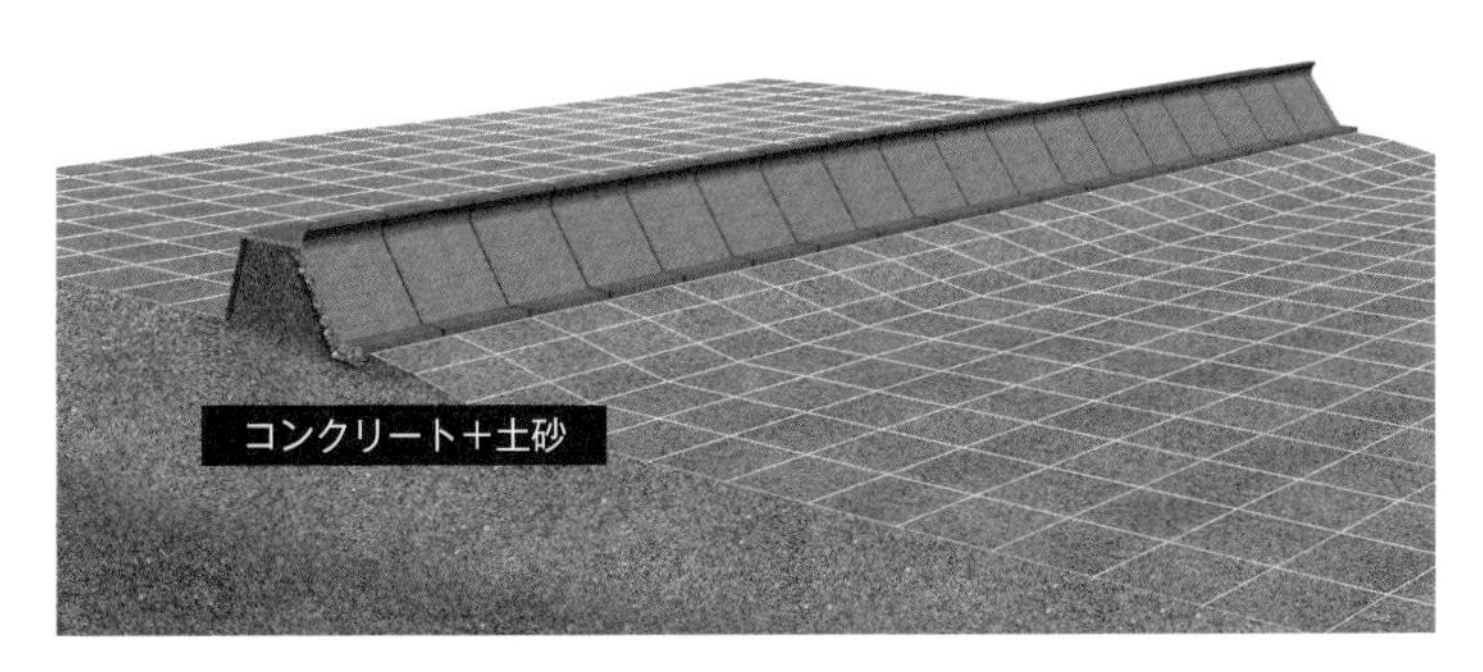
コンクリート＋土砂

地震時には、人間の掌でドミノをやっているように崩壊する

には全くの無抵抗同然であり、肝心の粘ることは物理的、科学的にできない構造である。

原理的に責任構造物としての使命を果たせない

津波は、押し波、引き波を繰り返す、その時の越水で、壁体の表側と裏側が洗掘され脆弱さを加速させる。またモナカ構造の長大構造物は、歪みが集まったところに※1応力が集中して破壊されることが最初から決まっている。

牛をいくら肥育し太らせても、襲ってくるライオンには敵わない

既存の防潮堤の主材料はコンクリートと土砂である。これを地震が襲い、続いて津波がたたみかける。これを動物に例え、堤防を牛に見立てると、牛をいくら肥育して太らせ筋トレで鍛えても、襲ってくる津波はライオンである。「コンクリート＋土砂」vs「地震＋津波」の勝負は、素材の持つ機能で最初から負けているのである。

東日本大震災で、要塞と言われていた岩手県宮古市田老地区の防潮堤も、地震の瞬間に

※1　応力：物体に外力が加わる際、その物体内部に生ずる抵抗力のこと。

■東日本大震災でバラバラに崩壊した防潮堤

応力の集中箇所が破壊され、その傷口に津波が容赦なく襲い、大惨事を引き起こした。

既存の防潮堤は、①堤体を構成する素材が地震力と波力には勝てず、②フーチング構造で地震・津波に対して耐え切れる（ふんばれる）構造ではなく、③モナカ構造でどこかに応力が集中すると崩壊する。既存防潮堤の素材や構造は、高波や津波に対抗し受け止めることが最初からできない構造であり、原理的に責任構造物としての使命は果たせないのである。

防潮堤は、地震に耐え抜いて、次に襲ってくる津波に対抗するためにある責任構造物である。その構造物が、最初に襲ってくる地震で崩壊するなど言語道断である。防災構造物には、ハッキリとした役割があり使命がある、責任を持ってもらわないといけない責任構造物であり重要施設物である。

既存の防潮堤は、地震によって弱体化し、その後に襲ってくる津波の第一波の押し波で根こそぎ流されてしまう、引き波に対抗しようにも、既に跡形もなく流されている。たとえ堤防を越える高波が来ても堤体が残って粘っていれば、波流のエネルギーを大きく減退させることができる。東日本大震災時も、津波の第一波で堤防が根こそぎ流されたが故に、海からの大きなエネルギーが山まで到達し大災害となった。いくら大きな波頭が来ても堤体が粘って残存していれば、被害は大幅に減少していたことは確実である。防潮堤はまず地震に耐え、次に襲ってくる津波に耐えうる構造体でなくてはならない。国民は巨費を投じて、自分の安全安心を行政に全て託しているのである。脆弱な構造体に大金を注ぎ込んで構築し、責任構造物として国民の安全を守ろうとした行政の責任は大きい。

ダムの役割と開門の大罪

洪水時に下流の浸水を防ぎ調整することが大きな目的・役割だが……

施設には、それぞれの目的がある。ダムは治水や発電、灌漑を目的に構築するが、建設に当たっては多くの集落移転や先祖伝来の有形無形の資産や文化・歴史の埋没が必至で、多大な犠牲の上に構築されるものであり、その使命も責任も非常に重く大きい。

ダムは河川の源流を成し、そのコントロールは下流の全ての触角を制御するメインスイッチの役割を担っている。正常時は、干ばつ時の命綱となり、発電の原資であり、灌漑、治水の務めを果たしている。

建設計画の際は、下流域の治水の必要性を説き、灌漑による農業の育成や新しい農地の開拓を掲げ、水力発電の大切さを強調し、ダムの必然性と必要性を強調して地域住民をはじめ関係者の同意を求めて実行に移した。設置にこぎ着ければ、大金を投入して長い年月を掛けて竣工に至る大事業となる。

ダムの建設に当たっては良いことばかりを掲げて強引に実行に移すが、ダムができたことによるマイナスも多大なものが出ている。大自然に人間がメスを入れ自然の営みをコントロールするわけだから、人間の思うようにいくはずはない。美しいはずの河川は年中濁り、海岸は痩せ細り、磯焼けは進み、生態系は著しく破壊されている。

豪雨で下流域が浸水し、口元まで水が迫り住民がつま先立って助けを求めている非常時に、事もあろうに河川の源流を成しているダムのゲートを開いて数百メートルも落差のある多大なエネルギーを持った水を放流する。こんな考えられないことが続けられている。

洪水時に下流の浸水を防ぎ調整することが、ダムの大きな目的であり役割である。その大切さに諭されて、先祖伝来の財産を譲り渡したのである。過去の多くのデータと現在の科学技術を駆使した結果が、ゲートを開く指示であったとすれば、ダムは広域的に大被害を発生させる元凶であり正に凶器である。

異常な降雨だったとか、ダムの底が埋まって容積が足りないとか、それは全て言い訳である。普通の降雨調整なら、ダムは要らない。異常な降雨を調整するためにダムを造ったのだ。干ばつや発電のことを思ってダムの水位をできるだけ下げずに維持したい、干ばつ時に叱られるのを恐れて、できるだけ普段に水を貯めておく。そこに降雨があり、思わず収容する残量水量のキャパシティーを失ってダムが満杯になる。満杯になれば放流する、ダム自体の都合で放水基準を作っている。干ばつも発電も直接命に関わる問題ではないし、水は他から補給も効くし電気は金で買うことができる。

下流が浸水して助けを求めている窮状を知りながら、強大なエネルギーを内包した大量の水を源流の頂上にあるゲートを開けて一気に放流して、下流域の被害に追い打ちを掛けている。こんな恐ろしい大量無差別殺人とでもいうべきことが、以前より続けられている。

安易な開門が人命と資産を喪失させる

発電から上がる収益など、微々たるものである。それより、ダムの開門によって堤防が破堤したその結末は比較にならない大被害に結び付く。台風の進路が確定したら、真っ先にダムを空にして降雨に備えるべきである。降雨が始まると、その水をダムに貯めて下流域に流れ込む水量を精一杯防ぐ。そこで初めて、多くの犠牲の上にできているダムの真価が発揮できるのである。

今までのダムの管理体制は、下流域のことより自分が管理しているダムの今の環境のことに軸足を置いて、その場限りの判断と決断で安易に開門している。1時間後に放流する、3時間後に放流すると言っているが、その時、下流域は浸水し救助を求めている。開門の責任を正すとマニュアル通りにやったというが、そのマニュアルは「下流域の住民が作ったもの」ではない。役人が上司の許可を受けて、そのマニュアルを運用しているのである。

防災の原点を司るべきダムという大金を注ぎ込んだ巨大構造物が大量の犠牲者を出し、多くの資産を根こそぎ流出させている。このままでは「百害あって一利なし」で、源流の

■平成 30 年 7 月豪雨（西日本豪雨）の際、愛媛県では肱川の上流にある野村ダム、鹿野川ダムからの放流によって、下流域に甚大な被害が生じた。（写真は鹿野川ダム）

写真提供：共同通信社

■氾濫した肱川（愛媛県大洲市）

写真提供：愛媛新聞社

高台に大量の危険物を集積しておいていつ放出されるか分からず、下流域の住民は常に恐怖の毎日が続いている。この判断を国民に問いたい。

「私見」ダムは百害あって一利なし、喫緊に取り壊すべきである

日本は太平洋戦争で敗戦し、国土は焦土と化し国民は疲弊しその惨状は惨憺たるものであった。そんな中、政界と財界の思惑が一致したのがダムの建設であった。ダムを造れば電気が興せ産業の復興に繋がる。そして灌漑・治水ができて新しい農地が開発でき、食糧難が解消できる。河川の水量も自由にコントロールできて、堤防も土堤のままでよい。

このように、ダムの効用を全面的に有用評価してダムの建設に一直線にまい進し、全国津々浦々までダムを造った。そして、用地買収や建設工事には多大な金が動いた、そして政界と財界の懐に大金が入った。産業疲弊の中で多くの就労の場ができ、政財界人は赤坂や築地や銀座、祇園に多くの金を落とした。地方の歓楽街にも金が回り、キャバレーや呉服屋と順次息を吹きかえしていった。

このようにして疲弊し切った日本が一気に活気を取り戻し、「もはや戦後ではない」とまで言われる復興を短期間に成し遂げた。この発想と実行は成功して、見事に日本の復興

発展の基盤を造ったことは評価できよう。

月日が経つにつれ、ダムそのものの有用性は計画通りにその機能を発揮し、世のため人のためになっているのかと言うと全くそうではない。自然に大きな鉈（なた）を打ち込みシッペ返しがないはずがない。堰堤が仕上がり水を貯め始めると、国が戦後先頭に立って進めた杉檜の植林が根を張り太陽の光を根元に通さない湿潤な地盤を作っていた。そこに水が上がってくると表層雪崩を起こし、山の表面は全てダム底を埋めている。

ダムの機能は最初から設計通りにはいっていない。ダムを造る時に精査しなかったマイナス要素が多分に表面化してきた。ダムができるまでは砂浜が広がり、沿岸漁師は地引網で魚を取り生計を立てていた。その砂浜は痩せ細り、一個もなかった消波ブロックの海岸に代わった。

堤防がいらないどころか、ダムを開けるたびに越水の危険があるため堤防を嵩上げして危険極まりない天井川を次々と造ってしまった。海ではサンゴは死滅し、磯の岩場は磯焼けで真っ白く変色し元には戻らない。川は一年中濁ったままで、「百年河清を待つ」の状態であり、動植物の生態も一変し自然破壊は著しい。

ダムから得る電力量は全体の電力消費量と比較すると微々たるもので、海岸に放り込む消波ブロックの費用にも追いつくまい。また、今まで河川の氾濫や決壊が毎年のように続いているが、その多くはダムの開門によるものである。ダムの運用プログラムは、下流域の住民が作ったものではない。そのダムの都合で作ったものであって、開門する緊急時には下流域の住民は口まで水が上がってきて助けを求めている時である。

数百メートルという超大な落差の頂上にある河川の出発点でゲートを開放すると、大量の水に落差のエネルギーがプラスされて一気に下流へ飛び出していく。当初の計画の河川の水量と水位はダムで自由にコントロールできると言っていたことが全く違って、大量無差別殺人の基を成している恐ろしい行為である。ダムができたことによる河川や海岸港湾等に年々費やしている費用と、環境破壊や魚やサンゴの被害補償等、それに費やす費用は膨大である。

ダムの有用性だけを得々と説いて、大きな犠牲の基に全国にダムを造ってきた当時の政財界の上層部の功績が亡霊となって立ち塞がり、今の役人達がどうしてもその亡霊に恐れをなしてその壁を突き崩せず、「土堤原則」なる子供でも解る悪例をいつまでも引き摺っているのである。

ダムも人間が造った構造物であり、寿命がある。経年と共に老朽化していて、このまま置けばいつかは崩壊してしまう。戦後できた構築物で、今でもそのまま使っているものはダムぐらいのものである。

地震国の日本は、地震の恐れも大きい。ブラジルでは鉱山の廃土を溜めてあるダムが決壊し、下流域の集落が複数流出し大災害となっている。ダムが決壊すれば、海から津波がやってくるのとはエネルギーの質量が違う。山の上から大量の水が一気に地表面を削りながら駆け下りてくる。その恐ろしさは計り知れない。

ダムを造るに当たって、効用を並び立てて夢の国が出来上がると称賛し、全くマイナス要素の検討はしていない。ここにきて、本当にダムの効用は何なのか、ダムのマイナスは何なのか徹底的に科学するべきである。政治家が議論している「桜を見る会」がどう決着しようと、国民にとって益にはならない。しかし、ダムの功罪は今や人命と財産の懸かった国民の大事であって、徹底的に科学し議論すべきである。

筆者は一日も早くダムを壊して、美しい自然林を取り戻し、川には魚がイッパイ泳ぎ、白砂青松に鶴が舞い、海には美しいサンゴが自生し、沿岸では地引漁師が魚を取っている昔に戻したい。この願いも、きっと国民と科学的思考による正しい精査が解決してくれるであろう。

3章

行政の責任、学識経験者の役割

行政は古い思考を捨て、最新科学を取り入れよ!

責任構造物が崩壊したら、原因を徹底して追究し対策を講じるべき

地球誕生以来繰り返して起こっている自然災害に対して人間は、それを防ぐために最大限の努力を払ってきた。しかし、災害発生時にそれが防げないから被害に及ぶのだ。その防衛手段として構築している構造物が責任構造物であって、行政が計画設計して構築し運営管理しているものである。

建設に当たっては、過去のデータを基に最強の構造物を建設しているはずである。また、我々の血税が注ぎ込まれている絶対に壊れてはならない責任構造物であり、国民の安全安心の砦である。自然災害は予告なしに発生し、その時期や規模も地球は国民にも役所にも事前通達は出さない。だから、責任のある立場の機関が予測をして責任構造物を建設している。自然災害による被害が発生したら、その被害の経緯はどうであったか、何が原因で被害に及んだのか、その真意をしっかりと確かめることが最重要である。

自然の猛威から守るべき目的で構築した責任構造物が崩壊したのなら、崩壊した原因を

徹底して追究すべきである。その原因が、材料や構造の脆弱さが原因であったら重大要素としてすぐに対策に取り組み変更しなくてはならない。

東日本大震災では多くの防波堤・防潮堤が崩壊し、大災害となって壊滅的な被害を引き起こし、多くの犠牲者が出た。この事実を基に、各々の地域や箇所に設置されていた公共構造物に対する被害状況を精査し、構造物自体の破損の理由を科学的に解明し、その結果を公表すべきであるが、想定外を前面に出してほとんど内容を明らかにしていない。

災害の規模が大き過ぎたのであれば設計時の想定基準は正しかったか、全く予期せぬ想定外のことが実際に起こったのかなど、構造物の破壊の原因を徹底的に追究しなくてはならない。自然の放出エネルギーは気まぐれで、勝手に勃発する。その猛威を食い止めるために、行政が知恵と我々の血税と時間を費やして防衛施設を造り国民と国土を守っているのである。

実証科学に則った最新の建設イノベーションで災害に勝つ

この施設がなぜ破壊されたかを精査すると、それは全て「科学」に起因していることがわかる。破壊の原因を科学で分析し、正しい答えを出すことが大切である。防災学者が災害のメカニズムを研究することも大切であるが、災害後にメカニズムをいくら云々してもそれは既に済んだことであり何の役にも立たない。

災害後に国民が果たすべき最も重要な役割は「なぜ責任構造物が崩壊したのか」、我が事として専門的に科学的に追究することに参加してその原因を突き止め、責任の所在をはっきりとさせ、納得を得ることであり、次の同じ事故を防ぐことである。

自然力に勝たなければ、災害は止まらない。国民の命の懸かった問題である。行政はいつまでも役人風を吹かしている時ではない。一刻も早く最新の科学を取り入れなければならず、根本的に国土を見直す時期は既に大幅に過ぎている。

「災害防止」とは、「防災施設」が「災害力」に勝つことである。行政力は権威と古い考えを通し、学者力は屁理屈が先行するばかりで、現実は災害には勝てていない。自然の脅威を防ぐ方法がなければともかく、早くから完全に防ぐ方法は確立されているのである。早く「最新の科学技術と工法」を取り入れる思考がなければならない。

「壊れる」とは、防災構造物に使用している「素材と構造の科学」である、秒進分歩で進む新しい素材や自然力に耐え得る構造を持った工法の選定が大前提である。過去の失敗は、構造体をなす素材の脆弱性と古い工法の非科学性にあり、起こるべくして起こっている。

あまりにも単純な結果の表れであり、学者が登壇するまでもなく結論は先に出ている。現実に起こっていること自体が、過去の悪癖の未解決部分であって既に古いのである。

近代社会になって、衛星を使い、地底・海底・地表にセンサーを設置して、光や電波や音波や電磁波等、あらゆるセンサーを駆使して自然界の持つメカニズムを解明し災害に備えている。また、コンピューターの発達により、膨大なデータを処理し過去の災害の内容を分析し被災の原因の特定を行っている。それに費やしている人材や費用も巨額で半端なものではない。今までの考え方でいくら研究を進めても全て後追いの政策でしかなく解決には至らない。行政のトップクラスも国民も新しい考え方で、実証科学に則った最新の建設イノベーションを取り入れなくては安全安心はいつまでも望めない。

「前例主義」で旧態依然とした建設業界

建設業界こそ、最も新規採用を重要視すべき業界

建設こそ無限性最多の産業である。建設資材をはじめ、建設機械、施工方法、維持管理と、どれをとっても、新しいものをいくらでも開発することのできる発展性のある業界である。

「建設は日々新たなり」。今までの実績を上回る性能や有用性の採用、新奇性・発明性に富んだ資材・機械・工法・維持方法の採用等、責任構造物を扱う唯一の業種として、全産業の中で一番新規採用を重要視しなくてはならない業種である。

建設業界は他の産業に比較して大きな金を消費するが重要な施設を造る、国民にはなくてはならない責任の大きい産業である。しかし、現実は考え方も造り方も制度も古く、「化石の業界」になっている。取り仕切る行政の立場の強さと業界の仕組みの関係で誰も直訴する者はいない。故に関係官庁の当事者は近代社会では考えられない古い慣習を踏襲し、前例主義等が平気でまかり通る役人主導の業界であり、他産業との差が開いている。

進展目覚ましい現代社会にあって、建設業界だけが化石の如く取り残された古い業界になっている事実がここにある。「やったことのないことはやらない、使ったことのないものは使わない、前例がないから受け付けない」。平然と言い張る「前例主義」が同じ大災害の被害を繰り返す元凶となっているのである。

建設業界は古い体質であるが故に、新しい開発の余地がたくさん潜在している。特に危険の解消、省力化、コストダウンなど、いくらでも改善改良をはじめ発明の余地が潜在している。これだけ宝の宝庫である業界にあって、なぜ新しい発明・改革・改善が起こらないのか。それは我々民間が昼夜を問わず研究開発を進めているが、形ができると役所がその芽を摘み取ってしまうからである。「やったことのないことはやらない」という役所の格言的な壁に突き当たるのである。

新しい発明や改善に立ちはだかる行政の壁

我々のような開発型企業は、常に新しい建設を模索して全社員が日夜これまでにやったことのないことに挑戦している。その中から完成品が生まれるが、その製品は、開発当初より「建設の五大原則」（説明は後述）に則った科学的で原理原則に即したものであるが、そうした基準での判断を行政はしない。採用になったとしても、勝手に単価を改ざんして業者に発注するなど理不尽極まりないことを平気でやる。

役所は自分で発明できる訳ではないので、なぜ民間の発明をもっと大切に見守り新しい方向を見出すような努力をしないのか疑問である。やったことのないやり方だから、「新奇性・発明性」があるのである。建設公害の元凶であると言われた杭打機を劇的に無振動無騒音に変える発明をしても認めない。現実には広く浸透し、公害対処の救世主だと関係者が称賛していても「裏歩掛（一般には公表せずに裏で決めている）」の形でこっそり発表して正式には認めない。これが行政のやり方である。

建設に関わる今使われている要件を「建設の五大原則」に当てはめると不都合がほとんどで、多くの改良改善と新規発明が喫緊であることがわかる。発明は、世の中の既存の現状を大きく変えて新しい世界を作り出すマジック的存在である。飛行機の発明は世界の距離を著しく縮小した、ＡＩ技術は、世の中の全ての課題を解決に導いたと言っても過言ではない。世の中の劇的な進展は、発明によってもたらされるものである。

建設業界ではそれに反して「やったことのないことはやらない、使ったことのないものは使わない」と前例主義を前面に打ち立てて、三千年も昔の紀元前にできたものであろう「土堤原則」が法律で守られて未だに神霊化して残り、秒進分歩で進む科学技術は一切打ち捨てられている。この状態で人命を守り国土を守れるはずがない。

このままでは建設業界は化石になってしまう

戦後の荒廃した国土を立て直し、世界に冠たる近代国家を構築した恩師や今の土木の関係者の功績は大きいが、このままいつまでも同じことを続けていては、業界は本当に化石になってしまう。業界に人が居ないと言われて久しいが、人が居ないのではない、人は魅力のある職業に転出するのであって、要するに建設業は、人に逃げられているから人が居ないのである。土木工学を目指す学生は、もう数十年前から激減している。

全産業で科学技術の進歩発展は目覚ましい。全ての産業で今の仕事を魅力的な仕事に変身させる努力をし、新しい魅力ある産業も常に創出されている。建設業界だけが古い考えで前例主義を踏襲し、いつまでも今まで通りの役所主導での運営を続けているが、このままでは国民に安全安心を与える防災構造物などできるはずがない。

恩師から受け継いだ教えから抜け出せない構造物専門家一族

研究者や学者は体質的に幅が狭く研究課題を絞って深耕する

構造物に関わる専門家は一般的に高校時代に専門科目を専攻し、大学に入ってからはより専門的に専攻分野を極めていく。そこで出会うのが教授である。その教授から入る知識は新鮮で、自分には常に未知の分野を広げてくれる大きな存在である。純白の脳裏に様々な公式や数字や図形や教授の実績の話等を定着してくれる。その教授を自分の師匠であり恩師だと仰ぎ尊敬するようになる。

その教えを自分の糧として社会人となり、経験と共にその教えに磨きをかけて自信を増していく。そして教授になり、役人になり、設計者となり、ゼネコンに入って部下に指導する立場になっていく。この一連の流れが延々と循環しているのである。その中身は経年と共に充実は図られているが、革新的な変化は起こらない。

なぜなら、一つの分野を深耕する研究者や学者は体質的に幅が狭く研究課題を絞って深耕するため、他の技術や公式、新しい工法等にはほとんど関心を持たず、むしろ敵対する傾向にある。

幅を絞ることによってより専門性が高まる。高まることによって業界から注目されるようになる。注目を浴びると自分の研究成果を発表して広く知らしめたくなる、そして国内外を飛び回るようになる。研究の内容に革新を起こすのではなく、忙しい忙しいと飛び回ることで個人の名声が上がり研究内容を押し上げて、有名人になっていく。そして災害後の座談会などに出演するが自然災害の起因の通り一片の解説をして、逃げることの重要性を語るだけで、肝心な科学的原因には全く届かない。

東日本大震災の現実の前でも自らを正当化するのは犯罪行為に等しい

一般的に公共構造物のほとんどは鉄筋コンクリートのフーチング構造物である。多くの設計者や役人、工事の専門家は構造物を造ると言えば「鉄筋コンクリート」だと思っている。防災構造物では、防波堤は捨石にケーソン、防潮堤は土堤にコンクリートを被覆しパラペット（波返し）を載せる。河川堤防は「土堤原則」と、師匠、恩師からそう習っているからである。役人も設計者も施工業者も防災構造物を造ると言えばコンクリートのフーチング構造物だ、土堤だ、と何の疑問もなく頭の中にその構造が描けているのである。

入社して定年になるまでに関わった構造体で、鉄筋コンクリート構造物以外の構造を手掛けた者はごくわずかであろう。それほど、古くて狭い分野に入り込んでいるが故に、自分の知識や先輩や仲間の考え方に疑問を持つことは少なく、いつまでも恩師を慕い尊敬し先輩の言付けを守っている正義感の強い自分を固めているのである。そして、新しい素材や新しい構造体が開発されても、発表されても余り関心は持たず、むしろ敵対意識を燃やして反発し自分達の過去を称賛する傾向が強い。

役人も、設計者も、学者も、施工者も皆同じ釜の飯で育った同種族であるが故に既存工法が最高の技術であり、先輩や自分達が今までやってきた実績を中傷されることは許されない。東日本大震災では2万人に及ぶ犠牲者を出し大災害となった現実を踏まえても、新しい構造体を採用することには強い抵抗を見せ、破壊された同じ構造体の転用が主流である。

恩師から営々と受け継いで踏襲してきたコンクリート構造物も、自然の力には勝てなかった。そのために2万人もの犠牲者を出した事実を如実に見せ付けられているにもかかわらず、また、同じ構造体を拡大し改良して設置し、既存の構造物の正当性をカバーしようとしている。この現実は余りにも非科学的であり、無知であり無謀であって、一般国民からすると犯罪行為だと言っても過言ではない。

これまでとは正反対のやり方で国民の安全安心を得なくてはならない

土木で構造物を造ると言えばコンクリート構造物だと同一に思う、役所をはじめ、設計事務所、防災学者、建設業者、皆が「コンクリートラバー」の一族であって、他に選択肢を持っていない。「これが壊れたのだから仕方がない、自然の力が強すぎたのだ」と、一本の幹から根分けしたDNAを持った一族が、いつまでも繰り返している同じ失敗から抜け出せず、前例主義の枠組みを守り続けているのである。

同じ幹から株分けした学問では、「是か非か」の判定が付かなくなっている。前例主義は決して科学ではない、科学に則った原理原則のしっかりとした、新しい学問の早期の取入れを望むところである。

発明が世の中を変えるのである。発明は今までやったことのないことを今までと違う方法でやれるようにするのであって、前例主義の切り口とは全く反対の考え方である。建設業は今までと全く違うやり方で、その目的を全うし、責任の持てる構造物を造り、国民の安全安心を得なくてはならない。

こうした現実を精査して早く学問に落とし込まないと、危険国家の汚名をいつまでも引き摺ることになる。

災害が起きると役所は前面には出ず、学者が登壇する。学者は自分の研究を介してその持てる自分の知識で対応を述べるが、ほとんどが先輩の手によって進められてきたコンクリート構造物の被害内容である。登壇している学者も同じその道を究めた者で、その延長線上での対応しかできず、科学的な解決には至らずいつまでもイタチごっこを続けている。

計画を立てた人、設計をした人、造った人、運営をしている人、それぞれ立場は違うが元を正せば皆同じDNAを持った一族である。「俺達が造ったものが壊れるはずがない」と、自分の周囲の誰をも責めないで、「この度は想定外に自然の力が強かった」と関係者が皆同じ方向に結論付けるのである。

行政の果たすべき責任とは？

公共構造物は全て役所の管理管轄下にある

自然災害そのものを完全予測して、コントロールすることは難しいが、地球誕生以来繰り返し起きている災害の内容を把握するに至る科学技術や、参考にする過去のデータは整っている。行政の本分でありその責任は、自然災害に対して、それを予測し、それに備え、万全な体制で国民の命と財産を守り、生活を維持し、歴史・文化を守り抜くことである。

国民の使用する公共構造物は、全て役所の所管であり管理管轄下にある。民間の構造物も国の定める規定や基準に準じて造られ検査の対象である故、これも行政の責任である。公共構造物の構築は、重要性や必要性を判断し、その計画から設計、施工方法、工事金額、工期を決めて施工業者を指名し実行に至る。出来上がった完成品の運用管理まで全て役所主導の形態である。

公共構造物を構築するに当たっては、一件一件の物件がその目的と役割を持っている。

インフラ整備や防災工事等、やらなくてはならないものは無数にある。その中で重要性・必要性を見極めて優先順位を決めて計画し、実行に移す。防災に関わる構造物は、国民の安全上からも最優先しなくてはならない。

世界中の最先端技術を導入する役割を仕事の主力にすべき

国民は法律上の義務に従い納税をしている。それを防災に費やす比率は大きいが、国民はその内容に直接関与することはできない。全て役所主導で計画し役所主導で構築し役所主導で運営しているが故に、国民は行政を信頼せざるを得ない現実である。

このような国家の重要な位置付けにあり行政が全てを掌握している公共構造物が毎年のように自然の被害を受けて破壊され多くの人命を失い財産が霧散しているが、この事実を関係者はどう受け止めているのか。

一般国民が全く関与できない領域の中で国民が直接被害を受けているが、その被害状況を克明に精査すると被災の程度は違っても原点に変わりはなく全く同じことを繰り返している。国民は義務として納税を続けている。その金を使って同じ過ちを繰り返しているのは忌々しきことである。

「造っては壊され、壊れては造り」これではいつまで経っても国の安全を守り、国民に安心を与えることはできない。紀元前に遡るであろう、古人が人力で造ってきた土饅頭の土堤を政令で土堤原則として定め頑なに守っている。今の激甚化した自然の猛威に対し、土堤では科学的にも原理的にも勝てないのは子供でも分かっている。役人がいくら前例主義を主張しても、エネルギーの本質は「自然力」であり「役人力」では及ばない。

前例主義を踏襲していくなら、「AI技術」が人間を遥かに超えている。先輩がやった業務は、簡単にAIで消化することができる。AIなら償却されて装置は毎日ゼロに近付き、経費削減は国民にとっても大いに役立ってくれる。先輩がやってきたことを続けるなら、行政が一番先にAIを導入すべきである。

国民が行政に望むのは、「やったことのないことはやらない、使ったことのないものは使わない」、この前例主義はAIの仕事として任せて、役人は、開発の進む科学技術をいち早く先取りし、世界中の最先端技術を導入する役割を仕事の主力にすべきである。そして建設を世界に冠たる科学技術を持った産業に仕立て、全産業のモデルを造るべきである。

一度しかない人生をAIで消化できる仕事に軸足を置き、役人面を下げていくら権威を振るっても、国民は皆解っていて虚しい人生だと評価をしている。

行政の〝他人事思考〟では問題が解決しない

責任転嫁と言い訳に終始する行政

逃げるが先決であったら、何も防災構造物を造ることはない。逃げる施設を最初から造っておけば良いのである。行政が造った今の防災構造物、つまり責任構造物が自然の営みに勝てないことを関係者は暗黙のうちに理解している。

「俺たちに責任はないのだ」と、できるだけ早く発表して自分たちの責任を国民や自然の営みに転嫁していることは明白である。逃げていて解決するなら既に解決しているはずだ。毎年毎年同じ災害を繰り返しているのは、行政の上に立つ者がいつも言い訳をして逃げるからである。逃げて解決をする問題など何もない。正面から向かい合って、受け止めて原因を科学で精査して最新の技術を取り入れるのが行政の役目であり責任である。

無責任極まりない行政に国土は守れない

【国は洪水時の避難などソフト対策を重視する姿勢を明確化している、住民の自発的な取

り組みが必要である、社会全体で水害に対応する〝水防災意識社会〟という概念を掲げた、河川整備の目的は氾濫防止だけでなく、住民が逃げる時間を確保するように氾濫を遅らせるためのものである】

上記のようなふざけた記事を防災のトップが集まって決定し専門誌に掲載している。なぜ、行政は最初から逃げることを考えるのか。「今夜は大雨の予想だから皆さんお家でゆっくりお休みください」と、国民に安全と安心を与えるために堤防(責任構造物)を造ったのではないか。

行政はそのために存在している。逃げる政策を表に出すなら、最初から堤防を造る必要はない。国民拠出の大金を使って防災施設を造っておきながら、国民に逃げろとは何事か。考える基準が全くずれている。

【河川管理者は、氾濫すると甚大な被害が出る河川を〝洪水予報河川〟や〝水位周知河川〟に指定して、これらの河川では洪水時に浸水想定区域図を作成する】

このようなことも報道しているが、それだけ浸水する河川とその区域がわかっていれば、水害を想定する時間と費用で堤防の構造を見直すことが先決だ。

後追いの行政が繰り返し事故を起こしているのは、ひたすら小手先の対応を続け、解決には至らない行政の責任だ。

【(国総研水循環研究室) 河川の背後に住む人にとって自分たちが危ないのだという〝気づき〟に繋がることを期待している】

このような無責任極まりないことを、ぬけぬけと国の上部の担当責任者が言っている。河川の背後に住む人に、危険が及んでいることを早く知っておくように要請している。危険がわかっているなら、早く安全な堤防に変えなくてはならない。それが行政の任務だ。いつまで経っても他人事で、自分の立場の責任であることを自覚しないで、責任は民間の貴方にあるのだと先手を打って、だから先に言ってあるではないかという言い訳である。

【越水による破堤に対して天端を舗装してあったため2~4時間破堤が遅れたことを好評価している】

国民を安全に守る行政の専門家が、破堤が遅れたことを称賛し評価している。破堤してはならない責任構造物の堤防が破堤している大変な事実を言い逃れする役人の根性は許しがたい。堤防は如何なることがあっても破堤してはならないのだ。国民の血税を使って、企画から設計施工管理まで全てを管理監督している行政が、繰り返し発生する大事故を真正面から受け止めず、枝葉に向かって調査研究に走り、防災の専門家と称する解説者と一緒になって、核心には全く触れず、事の重大さにも至らず「想定外」へと逃げていく。後追いばかりの現実で、いつまで経っても国の管轄責任としての責任は取らない。これでは国家は疲弊し国土崩壊が訪れることが見えている。

実は公罪を内包している役人の正義感

内容が古く、先輩の踏襲でしかない

国民は、同じ法治国家の下に生まれ統一の義務教育を受けた後、それぞれの職業に就く。職業を分類すると数あるが、大きく「役所」と「民間」に仕分けすることができる。もとは同じ国民であるのに、役人と民間人を分けると、役人が偉くて民間人はこれに従っている感があり、お互いが納得している節もある。

同じ国民なのに、なぜこのような差が付くのか。役人は、法律の下で規則を作りそれに

従わせる権限を持ち、罰則を科せる権利を持っているからである。また、税金を徴収し予算を立て予算を執行する権利を持っている。こうした法律と規則を盾に公務に従事している立場上、上位に位置している。役人自身から見ると、俺達役人が国を守り不正を取り締まり、庶民の盾となって日々国民を守ってやっているのだ、だから庶民が安全に暮らしていけるのだと。これが役人の正義感である。

弱きを助け、悪を懲らしめる正義感は尊い限りである。その一方、負の力も大きい。役人は正義感を最高の誇りとして公務に当たっているが、一般的に本人達には気付かない公罪を多く内包している。私見として言えば、まず正義感には一般的に、「権利意識が非常に強い、数値性が少ない、科学感覚に疎い、時間の経過感覚が少ない、時代感覚が鈍い、本当の金銭感覚が薄い、新奇性・発明性に疎い、先進性が脆弱である、選択性感覚が薄い」等、俺達がベストなやり方を教えてやっているのだ、と何の悪びれもなく指導しているが、とにかくその内容は古いのだ。先輩のやったことの踏襲でしかない。

国民のためになることを自分の力で実現させたいと努力する役人であれ

国民が良いことをやろうとしているのに、その内容には関係なく、そんな前例はない、マニュアルを調べたが載っていないと一蹴する。「やったことのないことはやらない、使ったことのないものは使わない、前例がないから受け付けない」。これは俺たちの先輩がやってきた良いことだと称えて称賛し、自分も先輩の実績に従う、リスクも負わずに責任を全うできるという役人を代表する正義感である。この時代感覚の欠如と科学発展に対する疎さ、先進性のなさが大きく世の中の発展を阻害しているのである。

特に建設業界においてはその主権を全て行政が掌握しているが故に、やっていることがことごとく古い。お釜で飯を炊き、洗濯板で洗濯し、籠で旅をしている如く「百年一日の如し」であり、あなたの本当の実力は何なのか、あなたは今まで自分の力で何を実行して、何の実績を上げたのかと問いたい。

先輩がやったことのあるものはＡＩに任せればよい。法律にあろうがなかろうが、前例にあってもなくても、その方向性が、先進的で国民のためになるものであれば、何とかそれを自分の力で実現させてやりたいと努力する。そういう役人を国民は求めているのである。

崩壊した防災施設構造物の科学的精査を徹底し、誤りを正す

「どうして破壊されたのか」が最重要点

防災構造物の設置は行政関係機関の企画、設計、施工、運用管理と全てを行政が司っているのであって、当然その責任も全て行政にある。地震・津波の規模は行政が予測し切れるものではないが、計画の時点では災害を予測し計画設計の下で施工を行って、その完成結果を検査して合格した完成品を行政の監督管理の下で運用しているのである。

東日本大震災では、その完成品である施設構造物が崩壊したことで大勢の犠牲者が出て大災害になったことは事実である。災害後、多くの災害専門家を名乗る者が出てきてメカニズムや事後処理のことを云々しているが、それは、自然災害研究の学問であり、内容の解説はジャンケンの後出しに過ぎず直接被災者や国家のためにはならない。建設時にその構造物の受け持つ目的を想定も含めて設計し、その仕様に従って構築した構造物が「どうして破壊されたのか」、そこが最重要点であって、その他のことは研究者の学問の領域である。

責任者である行政は前面に出ず、御用学者とマスコミ任せ

全ての地域や箇所で想定外であったと責任を回避することはできない。この施設があっ

たから逃げるのに数分の余裕ができたとか、防潮堤は津波のために造ったものではない等と、役人や学者がしきりに責任回避を言っているが、国民は、最初から逃げることが前提で防災施設を造るなら、そこに莫大な税金は投入しない。

現実に構造物が破壊されているのに、その真実の究明を科学に求めようとしない。いつも責任者である行政は前面に出ず、防災の専門家と称する御用学者とマスコミがもっともらしく原因やメカニズムに関する私見を並べ立て、今回も「想定外」に自然の威力が強かったと、事後の対応ばかりの無難な意見を取り纏め、視聴者を納得させている。

本来は、自然災害から国土を守り、国民が安全安心な生活を送るために防災構造物を構築したのである。その構造体が自然力に勝てなかったことの事実が表面化して、現実の姿を晒しているのである。いとも単純な方程式であって、そこに烏合して屁理屈を語ることではない。

勝てなかった構造体を精査し、計画時に想定していたより大きな力が加わったために破壊されたのであれば、さっそく今後の計画に取り入れなくてはならない。計画時の想定と大きな差があれば、当然資材や工法を根底から見直さなくてはならない。それが、責任構造物を取り仕切っている関係官庁の責任である。

マスコミは連続して起こっている災害の後、現状を解説する場を設けている。集まった専門家の面々は、なぜ大切な責任構造物である堤防が決壊したのか、その真髄には触れず災害のメカニズムや逃げることを主題にした内容に終始して、マスコミもご無理ごもっともと同調して国民を納得させている。これでは、国民は災害の本当の原因や責任の所在は分からない。

大きな災害に至るほとんどの原因は堤防の決壊である

150ミリの大雨が降ったと騒いでいるが足首に来る程度だ、500ミリ降っても大人の脛の位置だ。その程度であり、大した降雨量ではない。家の天井まで浸水したのは、堤防が決壊したからだ。

大きな災害に至るほとんどの原因は堤防の決壊である。洪水を防ぐために巨費を投じて造った堤防がどうして決壊したのか、その理由は何が原因なのか、その原因はどこにあるのか、そこが焦点であり、堤防さえ決壊しなければ皆幸せに暮らしているのである。逃げる技術や後処理の問題を云々することではなく、まず災害に至った科学的根拠に基づく、原因の究明と行政の責任を明確にするべきである。

国民が安全で安心して暮らせる防災施設を司っている関係官庁が、被災した構築物が、まず災害に備える万全の責任構造物であったのか否か。それが崩壊したのであれば、建設前の企画段階において予測や計画に誤りはなかったか、構造体に設計の間違いや手違いはなかったか、構造体の構築時の工事に手抜き手違いはなかったかを精査し、受けた自然のエネルギーはいかほどだったのか、全て科学的に精査して原因を抽出すべきである。

企画や設計に関わる者、工事に係る者、それを司る関係者がいつまでも前例主義で土堤原則を踏襲しフーチング構造を基本としたコンクリート構造物が全てであって、これが万全の策だ、これ以上の物はないのだと昔ながらの考え方を踏襲している。

特に防災施設については役所主体で計画・設計・施工管理・運営と一連の流れを実行しているが、自然災害の繰返しに適切な対応ができていない。この繰返しが、想定外の災害規模であったとしても、一度決壊した土堤を決壊前の同じ形状の土堤に戻している。故に次々と同じ形状の堤防が決壊して、毎年のように多くの人が死に大災害になっている。

これは科学の領域であって、原理に合致していない構造だから崩壊を同じく繰り返しているのである。これを役人の正義感や前例主義で防ぐことはできない。役人こそ科学に立脚し原理原則を追求し、新奇性・発明性の技術をいち早く発掘しどこよりも誰よりも早く採用することに国民の代表たる使命と責任がある。

スーパー堤防の存在意義を考察する

スーパー堤防は前例主義を押し通す役所の悪例の代表

日本を代表する河川の河口には、スーパー堤防と称する巨大な土堤堤防が延々と居座っている。その目的は何なのか、その存在の意義と意味を国民は知っているだろうか。おそらく国民は大きな河川が流れているから大きな堤防があるのだろうと、その存在を当たり前だと思っているはずである。

確かに、有事の時は水嵩が増えて相当量の水量を収容する必要がある。10年に一度か50年に一度か100年に一度か、その時のハイレベルに合わせて堤防の高さを決め、その高さの約30倍を基準として安定的な法面を確保してスーパー堤防はできている。

有事を想定して出来上がった堤防全体の施設は、普段は何の仕事もしていない。堤内を水がチョロチョロ流れているだけで、堤体そのものの広大な面積と堤体自体は全く何の役割もない邪魔者である。

スーパー堤防

インプラント堤防®

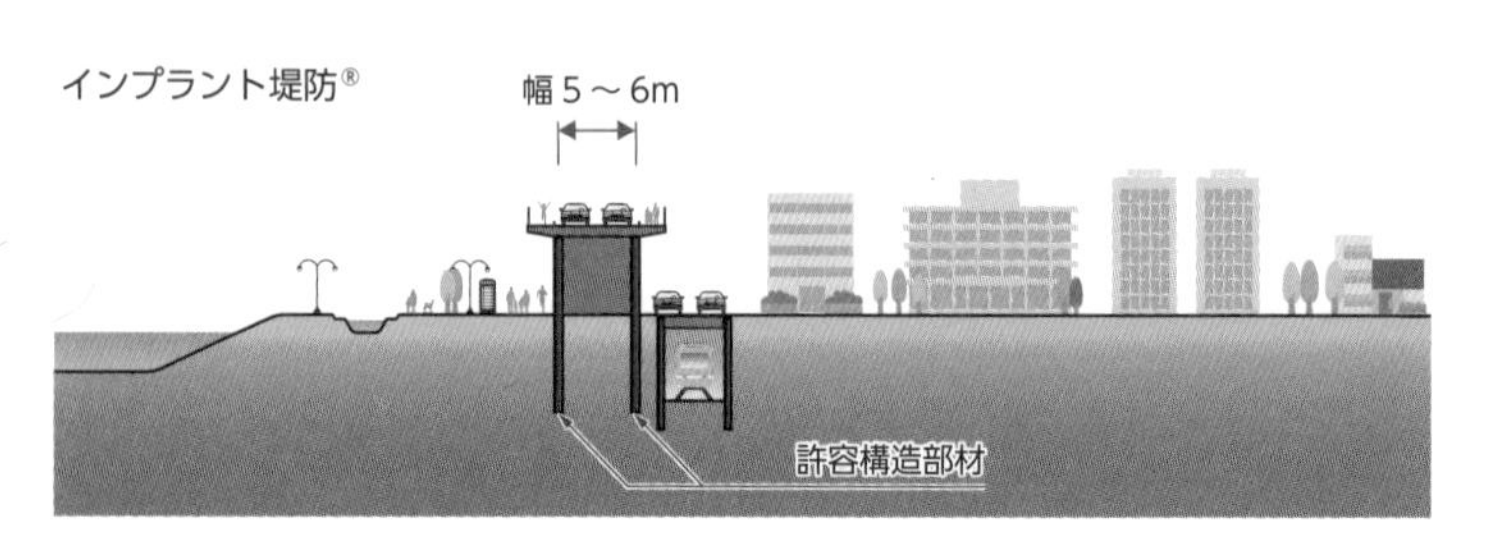

数百メートルの底面を持つ堤体が、都市部を真っ二つに割って延々と続いている。二分された都市は機能を失うため、それを繋ぐ長大橋を数十箇所に建設し都市機能を補っているが、平常時のことを思うと全く無駄なことである。

スーパー堤防は有事の時に大容量の水を堰き止めるために設計されたものであるが、全く古い考え方で、「土堤原則」を前例主義で押し通している役所の悪例の代表であり国民が納得できるものではない。

近代に相応しい計画の立案を阻む前例主義という悪弊

どんな構造物でも、目的があって構築する。

大量の水を高い位置まで収容する目的に「土堤」を使用すること自体、全く非科学的であり、施設全体の機能上から見ても都市機能から見ても何の利用価値もなく、今の形態を延長させることも難しく国民の利点は全くない。

全て役所主導で動いている我が国において、企画設計の考え方の古さと前例主義が次々とマイナス要素を醸し出していつも国民はその弊害を被っている。役所は権威を行使して一度決めたものは変えないと主張し、取り巻く関係者も同じＤＮＡの一族として、ご無理ごもっともで同調し、全く学習能力は効かず科学のメスは入らない。

この都市を二分するスーパー堤防こそ、最新の科学技術を持って構築すれば、幅が５～６メートルもあれば充分であり「建設の五大原則」を順守し、最短の工期と最小の経費で科学的で原理原則に則した最良の構築物が出来上がる。

新しい思考からは、広大な有効土地が捻出され、堤内には近代的な施設ができて市民が集い、子供が思い切り遊べるウォーターフロントができる。堤外は近代都市の機能を持った全く新しい施設や産業が自由にでき、大きな収益を上げることができる。

このような近代に相応しい計画の立案がいくらでも考えられるのに、行政の前例主義に阻まれて大昔の御代官様のお裁きを受けて先祖伝来の土地を窃取されている地権者が不憫でならない。

最新で最高の発明を妨げる許認可制度の不都合

新しい構想の具現化に向けた実験を否定された

世界中の大方の学者が、液状化は自然界の悪者で耐震・免震に対して悪影響を与えると言っている。それに対して原理を生かせば、液状化こそが自然界の耐震・免震の特効薬だということができる。その主張は、地震が起こる度に自然が証明してくれている。

その現状をベースに長年掛けて研究を進め、圧入原理（杭を地中に挿入する原理の一つ）の優位性を使って新しい構想を纏め、筆者は「拘束地盤免震」の名称で発表している。液状化地盤を拘束することによって、液状化のマイナス要素である側方流動を抑え「上がる」「下がる」「傾く」を最小限に抑えることができることが実証できた。

既存の構造物は地震のエネルギーに対抗する丈夫で大きな構造に段々と進んでいるが、いくら頑張って大きくしても、また、強くしても地震の威力には敵わない。それに対し「うちわ構造」と称して軟弱地盤の上に構造物を置き、自然のエネルギーに身を任せる、今までは発想の違う構造を提案している。

これを自社の敷地を使って、自社の資金と責任下において実物実験をしようと企画すると、監督官庁が「大臣許可がないと建設はできない」と言ってやらせない。全く新しい構想を具現化する前提で申請しているのに、国土交通大臣がその許可を云々する根拠を持っているはずがない。

新しい発明の芽を摘まず、発明家の背中を押せばよい

長年の研究と自然界の実証体験によって、新しい発明の芽がやっと育ち、今までと全く発想の違う新しいものができようとしている。この新しい芽を、今まで通りの役所の考え方で、ああでもないこうでもないと否定せずに、国土交通大臣が先頭に立って新しいことや良いことは「成功しようが失敗しようが自分の力でやってみなさい、行政も全面的に応援しよう」と発明家の背中を押せば、成功の可能性は一気に高まる。成功すれば、世界に通ずる日本の最新で最高の技術になるのである。

どんな産業でも、発明が劇的に現況を変える力である。許認可を下す権限は行政が持っているが、実際の発明はほとんど民間によるものであり、その発明は一朝一夕ではできな

い。専門の立場で、一心になって時間を掛けて注力しないと実現するものではない。その新しい芽を、許認可を出す行政が摘み取っていては暗国になってしまう。過去を踏襲するのではなく、敵対するのではなく、一緒になって成功に導く国のリーダーを望んでいる。

行政の考えと国民の考えの乖離

日常の天気予報に異常に反応する国家に対する憂い

行政が言っていることを、マスコミをはじめ、防災関係者が何の疑問も持たず発表し、国民もそれに従おうとしている。最近の傾向は自然の営みが何であろうと、たかが毎年やってくる梅雨の気象予測であろうが、気象庁をはじめマスメディアが「大変だ、大変だ」と騒ぎ立て、知事が出てくるは、一国の総理までがテレビに出てきて「自分の命は自分で守ってくれ」と騒ぎ立てている。

大型の台風や津波ならともかく、繰り返されている四季の日常の天気予報に異常に反応している国家を見るにつけ、何ともその本質の理解の脆弱さを憂いに思うところである。防災の専門家やマスコミや御用学者が一緒になって、とにかく逃げることが第一番だ、災害の規模がどうであれ真っ先に逃げるのが基本中の基本だと教えている。「自分の命は自分で守れ」と言っているが、言われなくても国民は誰でも解っている、その自分の命を守るために、国民は防災構造物に多額の納税資金を拠出しているのである。一国の総理が先頭に立って公共電波を使って梅雨時の降雨に対して、自分の命を守って早く自分で逃げてくれ、国家は責任を負えない、と騒いでいる。この姿を見て、関係官庁の責任者や政治家の防災に関わる者は親分をここまで追い込んで良いのか、分別を持った国民は国土崩壊を身近に感じとれる。

事後の解説に過ぎない専門家や研究者に頼り過ぎではないか?

行政もマスメディアも国民も、危険が自分達に直接関係しているが故に、役所や専門家や研究者を頼り過ぎ神格化しているのではないかと思われる。災害直後の特別番組に登場する専門家は、この度は、こういう理由で災害が発生した、こういう理由で被災が大きくなったと解説するが、それはあくまで研究者の所見であって、国民は被害を直接受けて実地体験の中で被災して困っているのである。

災害後に登場する専門家は、こういうメカニズムでこの災害が起こった、だからこういう状態になったと、その原因と結果を理路整然と解説するが、被災者はそんなことはほとんど知っているし、被災を受けた現場に立って現況を自分の目で見て実体験しているのである。

この現実を前に、なぜもっと早く逃げる警告を出さなかったか、なぜもっと早く逃げなかったか、街路灯の施設が悪い、避難通路が確保されていない、近所と声を掛け合わないといけない、自衛隊員をもっと増やす必要がある、災害後に大きな国家予算を投入すべきだ、等々。公共電波を通じて聞こえてくる専門家の内容は全てこういう切り口であって、いつでも事後処理の解説に過ぎない。世界的な権威者だといわれる御仁の講演を聞いても、弟子の制作したコンピューターシミュレーションを見せられて、津波が押し寄せてこんなになるのだという。「それがどうしたの」「だからどうしろというの」「だから貴方は何ができるの」と、講演の後、虚しさが残るだけである。

国民が知りたいのは、防災構造物が崩壊した原因と責任の所在

専門家や研究者は、日頃の研究成果や活動内容を、実際に自然災害が起こって被害が出ている現実に対して、解決に至る真意を突き止めて、善処することができるのか。災害に

は原因も原理もあるが、実際に起こっている災害による被害は、地球が放出しているエネルギーが原因であり、人間が造った自然を制御する設備がその自然の威力に勝てなかったためである。

津波が起こることを想定して行政が防潮堤を造り、洪水被害を食い止めるために行政が河川堤防を造って被害防止に備えている。その責任構造物が責任を負えずに崩壊し、被害を防ぎ切れなかったが故に大きな災害に結び付いたのだ。

この繰り返される悲惨な現実に国民が理解したいことは、「これだけの大金を費やして構築した防災構造物がなぜ、どうして崩壊したのか」、その理由と責任の所在を突き止めたいのである。ここで自然災害のメカニズムをいくら云々しても始まらない。

学者や研究者は、学問としてその原因やメカニズムを極めることが本分であり、あくまでも学問の範疇の世界である。現実に引き起こされた災害現場に登場しても、その内容は肝心の解決には至らず解説に過ぎない。

マスメディアの責任も大きい。この度の自然の脅威は強かったと独占的に御用学者の見解を情報として流し、責任の所在は追及せず自然災害は恐ろしいと地球にその責任を覆い被せる、本当に知りたい国民の真意は全く伝わってこない。

防災学者や研究者の真の役割は解説や批判ではない

最新の科学技術で災害をどこまで防げるかを見極め提案するのが役割と責任

学者や専門家の果たす役割と責任は、人間がコントロールできない自然の脅威を、科学的に予測し最新の科学技術でどこまで防ぐことができるかを見極めて提案することであり批判や解説することではない。

気象学者や洪水学者は、最近の豪雨を「想定外」だとしきりに言う。年々降雨量が小さくなっている時期に大量の雨が降れば、それは「想定外」である。しかし毎年降雨量は増加し、極地を襲うなど降雨の気象変化は一昔前とは全く違っている。これを専門的に分析している専門家が「想定外」という言葉を連発するのは全く無責任であり恥ずかしいことで、命に関わる責任ある立場の者として許しがたい。

専門家は、災害の起きた後で出てきていくら解説をしても時間と費用の浪費に過ぎない。あるノーベル賞受賞学者が「地震学者は詐欺師だ」と言った。巨額の金を使って科学を駆使し多くの歳月を費やして、いかにも真実らしく想像を巡らせて解説しているが、現実にはほとんど適合せず公益に結び付いていない。

国民は、災害の防止に直接役立つ者を求めている。学者の出る幕ではない

自然災害に携わる学者や専門家は、有史以来繰り返されている自然災害を金と時間をいくらかけて研究しても、学問で終わらせては世の中の役には立たない。制御することのできない自然災害を学問として深淵に研究する者は、あくまでも学問の探求であり学者の領域であって、災害そのものの実態とは縁遠い立場にある。

災害発生時は、現実を真正面から受け止め、その対処方法を考えることであり、破損した構造物の内容を精査し、現場対応を主力とした「技術者集団」が緊急措置の方法を検討すべきであって、学者の出る幕ではない。国民は、災害の防止に直接役立つ者を求めているのである、単なる解説者で対応ばかり追って屁理屈をこねて解決には至らない現状に困惑しているのである。

想定外であったという言い訳をして、早く避難指示を出すことだ、避難通路をつくっておくべきだ、災害復旧にもっと早く金を出してやれ、復旧のためにもっと自衛隊員を増やせ、等々、災害の後にメディアや公共放送が取り組む特別番組は、なぜ責任構造物が損壊

したのか、全く災害の核心に触れることはない。責任構造物の壊れた科学的な理由を国民は求めているのである。

若者にとって魅力ある建設業界に

前例主義を踏襲する古い枠組みを守り続けている建設業界の古い体質に、子供たちは既に一昔前に気付いている。土木学科を志望する学生が激減しているのがその表れである。戦後の荒廃した国土を立て直し、世界に冠たる近代国家を構築した先人や今の土木の関係者の功績は大きいが、このままいつまでも同じことを続けていては、業界は化石になってしまう。業界に人が居ないと言われて久しいが、人が居ないのではない。人は魅力のある業界に流出しているのであって、要するに建設業は逃げられているから人が居ないのである。

全産業で科学技術の進歩発展は目覚ましい。今の仕事を魅力的な仕事に変身させる努力をし、また新しい魅力ある産業も常に創出されている。建設業界だけが古い考えで前例主義を踏襲し、いつまでも今まで通りの役所主導での運営を続けている。土を掘って水を替

■壁体をパネル化し、自動運転の機械で設置していく新しい建設工法

えて栗石（直径10〜15センチぐらいの石）を敷いて、その上に鉄筋を組み、型枠を組んでコンクリートを流し込むというのは、一昔前なら当たり前の土木工事のやり方であったが、そのような手順の仕事に若者は魅力を感じていない、工法が古いのである。

筆者が目指す「新生建設業界」では、自動化されたプラントで製造された規格品「許容構造部材」の壁体を、自動運転のスマートな建設機械を用いて現場で設置していく、全く新しいシステム施工となる。こうした新しいやり方を若者は望んでいるのである。今までの古い体制で、自然災害に打ち勝つことなどできる訳がない。国土崩壊は、自然災害からではなく、この古い考え方や組織の古さから

引き起こされるのである。

4章

新しい時代の国土防災

社会資本である河川、道路、鉄道、防潮堤の統合を

既存の河川や防潮堤は基本的な見直しをする時期にきている

インフラ整備に関わる既存の河川や防潮堤やダムが本来の目的を果たしているか、答えはNOである。既存の構築物の設置位置が正しいか、構造物のキャパシティーが整合しているか、構造物の素材、構造体の応力が対象体に適合しているか、構造物のコントロールが適正に行われているか等、基本的な見直しが急がれている。

これは全て行政の仕事である。河川であれば、源流と海抜を結んだ高低差に河底を合わせて造り、流水高を決定してその上層部位に生活地盤を造れば浸水の心配はなくなる。むやみに堤防を嵩上げし、人間の活動面より流水高が高い位置にある「天井川」を造るが故に、破堤し浸水被害が後を絶たないのである。

この状態を解消しない限り国民が安心して生活をすることはできない。一昔前は、河底を下げることは護岸の構築を含めて難しかったが、今の技術では※2浚渫(しゅんせつ)前に護岸を築造することは全く問題のない作業である。

※2　浚渫：河川の底面をさらって、土砂などを取り去る作業。

社会資本を統合すれば、災害に対して原理的に最強の施設となる

社会資本の主軸として、河川、道路、鉄道が存在するが、それぞれ別々の箇所にあり、所轄機関も異なり、構造もそれぞれ個別に設計されている。自然災害は個別には襲ってこない。それぞれの施設の弱点を突いて被害を与える。それぞれのインフラ施設が受ける被害は多種多様にわたり、その総計の被害総額は半端なものではない。

この社会資本を造り運用管理しているのは関係官庁であるが、この費用を負担しているのは国民である。道路は道路課、河川は河川課、港湾は港湾課でその役目は違っていて、河川課の人間は難しい等と昔から言われているが、これは役所内の業務仕分けや勢力分野で分かれているのである。

災害は役所の仕分け内容に関係なく襲ってくる。この脅威を受け止めるために河川施設、道路施設、鉄道施設等を「合築した施設」にすれば、災害に対して原理的に最強の施設となり、広大な有効土地が捻出される。

各施設を一本に集合し、V字部分に河底を掘った土砂を入れ全体を統合し、インフラの再構築をすべきである。河川災害から根本的に解放され、費用は激減し、管理上の効率性

も大きく上がる。

国民の税金は河川課に納めたり、道路課に納めたりしているのではない。国税として国に一括して納税しているのである。防災施設に関しては、強い構造物が求められていると共に、国に一括して管理する部署が必要である。

国家の財産であり、国民のものである社会資本を充実させることは、国の責任であり使命である。それを司る関係官庁には、この繰り返される災害を真摯に受け止め、科学的に精査し、根本的に既存のインフラを見直さなければならない時が来ている。

建設の五大原則　国民から見た建設の基準

建設の五大原則を順守していなければ、工法として認められない

一般的に建設は幅広く、全てと言っていいほど行政が管轄している分野であり、建設許可を受ければランクが付けられ仕事ができる。国が決める公共工事はランクによって指名されるが、その内容は国民が見て、なるほどと納得できる「決め方」は何もなく、工法選定に当たって行政担当者の思惑の入った前例主義で決定されていることが多い。

国民の財産を造る公共工事の大切な出発時に公平な「工法選定基準」がないのは、全くおかしいことである。故に政治家や暴力団や利権者、関係する有力者が蜜を吸いに群がるのである。

そこで筆者はかねてより、国民から見た建設のあるべき姿を五つの要件に集約した「建設の五大原則」を提唱している。

①環境性　②安全性　③急速性　④経済性　⑤文化性の五項目で、これを正五角形として全体のバランスを取ることを原則としている。新しい工法が開発されても、建設の五大原則を順守していなければ、それは工法として認められない。

■建設の五大原則

環境性とは、地球をこれ以上壊してはならないということである。安全性とは、工事に携わっている関係者の安全はもちろんのこと、周辺住民の安全も図られて、工法そのものの仕組みが最初から安全なシステムであること。急速性とは、工事は可能な限

り早く完工することである。いくら環境が守られていても、金が安くても、時間が掛かればその間に地震や津波に襲われる危険性をいつも内包している。経済性とは、金が掛かり過ぎれば国民の拠出した血税が無駄になるということ。文化性とは、工法そのものが機械的でシステム的であり、出来上がったものが芸術性・文化性に溢れていることを目指している。このバランスが正五角形に保たれていることを指している。

既存の工法は「建設の五大原則」に適合していない

既存の工法を建設の五大原則に照らし合わせてみると、適合するものはない。既存工法は役所主導で百年一日の如くやってきているため、こうして整合性の取れた基準に当てはめると、科学的な基準や原理原則に全く整合しない古さが焙り出される。

防災構造物は責任構造物であり、最も大切な国民の砦であ

■五つの要件で客観的に建設工法を評価

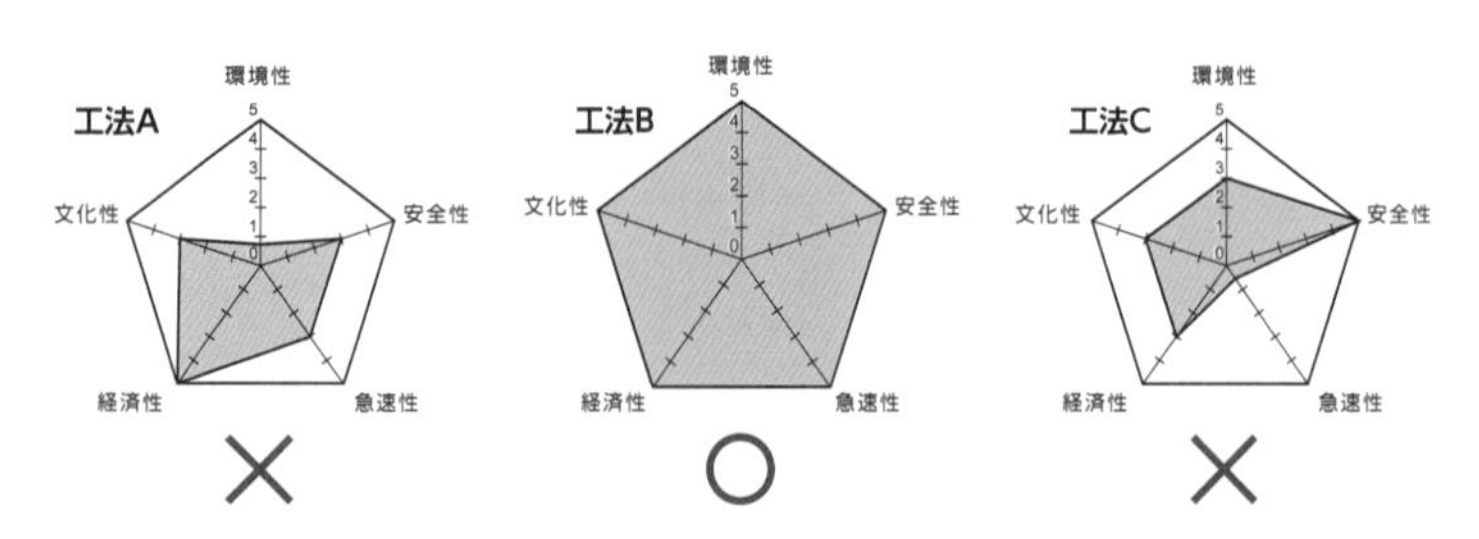

り国民が蓄積していく財産である。自然界の発する強力な攻撃を「かわす」か「減衰させる」か「受け止める」か、いずれかの能力を備えてなくてはならない。

いずれを選ぶにしても大きなエネルギーを相手とするものであり、科学に基づいた原理原則に即したものであって実証試験で性能の確証を得なくては目的を全うすることはできない。

建設は工事を始める前に、その目的に応じた工法基準に則って工法を選定しなくてはならない。それが「工法選定基準」であり、五大原則の順守が原則でなくてはならない。そして出来上がった構造物は芸術性、文化性に溢れた「責任構造物」でなくてはならない。

思考革命は喫緊の課題

地球と共存する思考を持つことがまず大前提

自然災害と言われているものは、地球誕生以来繰り返されている、地球自体が自働している自然現象であって、地球が通常の営みを続けているだけである。その現象を地球に住んでいる人間が勝手に「自然災害」だと言っているのである。この現象を何十億年来繰り返し続けながら、現在の地形や気象環境等が出来上がっており、今後も自然の営みは続き、地球はこの循環を少しずつ変えながら繰り返していくはずである。

この自然現象を人間が自由にコントロールすることはできない。故に、自然の営みや自然環境を主軸に置いて、地球上に住む生物や我々人間が安全で安心して暮らせるより良い環境の構築をしなくてはならない。

今世紀の地球上の覇者として君臨している我々人類が、その土台となる地球と共存する思考を持つことがまず大前提である。地球自体の持つエネルギーの放出による地殻変動や、地球を取り巻く天体の営みによって、地球自体が常に環境を変えている。その内容が人間にとって都合の悪いものを自然災害だと人間が勝手に決めているのである。

同じ失敗を続けることが人間の一番の愚かさ

地震、津波、火山噴火等の発生は、場所や時期、規模等の想定が難しく、備えも対応も画一的では受け止められないが、河川は、地球の表面形状に人間が人為的に造作した構造体であって、その目的と役割は最初から解っている。

水の性質も分析されて解明されており、広域地図も土地形状も告知されていて過去のデータも揃い、気象観測精度も整い、河川の目的や性能を満たす企画設計材料は十分に整っている。自然の営みを変えることはできないが、それを受け入れる備えは人間の知恵と科学によって解決できる。

今存在する河川が災害に見舞われているのは、その施設が科学的原理に合致していないからである。自然が想定外を起こしているのではなく、自然の営みに対して人間側の想定した計画の知恵の甘さと、備えの構造体の脆弱性が原因である。

これを司る関係官庁が、「想定外だから仕方がない」、「非は自然側にあるのだ」と逃げていては、いつまでも悲劇は続くことになる。人間の知恵は進化し、時代も進んでいる。同じ失敗を続けることが人間の一番愚かなことである。同じ災害を繰り返さないために、「新しい思考」が最重要である。ＡＩ技術は同じエラーは絶対に繰り返さないのに、人間が愚かさを後世に引き摺ってはならない。

一番の高コストは構造物が破壊されることである

自然と人間の共生を前提に、既存の河川が目的と役割を正常に果たしているのか、科学で全面的に見直す時期に来ている。一昔前の時代の考え方や技術によって構築されている既存の構造物は、今の時代には適合しないし、科学的に見ても脆弱で存在価値の薄いものである。行政主導の前例主義はいつまでも通用しないことを、全国で毎年自然が証明してくれている。

この事実を科学的に理解し、全く新しい思考に切り替えることが喫緊の課題である。役所はすぐにコストに終始する。一番安ければベニヤで堤防を造ればよいが、安くてもそれでは責任構造物にはならない。一番の高コストは構造物が破壊されることである。堤防の損壊による被害は、多くの犠牲者の上に公共・民間資産の損失を含めた総被害額と精神的窮状を集積すると計り知れない損失になる。

構造物は容易に破壊しないことを前提に、防災構造物は壊れない粘る構造体を選定し、それを年々増やしていく「防災構造物の積立貯金」とも言える方法で構築していき、何年・何十年先には真の責任構造物が完成し、国民の安全安心が守られるのである。

重要な責任構造物が原理的に脆弱であることが分かっていながら前例主義に則って同じものを造り、肝心な局面で守り切れず崩壊してしまう。このような愚かな行為の繰り返しで国民が安心を得ることはできず、これでは国家が富むはずがない。

新しい思考は、既存の構造物を全面的に見直し「建設の五大原則」を順守して科学的で新奇性・発明性に溢れた構造物を構築する考え方の改革から始まる「思考革命」である。

構造革命～科学的に実証できる原理原則に即した「材料と構造と工法」へ

防災構造物は責任構造物であって、国家を守り国民の安全と生活を守る最も重要な国家の管理する公共施設である。この重要な既存構築物が有事の際に用をなさない。設計の段階で企画構造に間違いがあったり、当初から想定予想の読みが甘かったり、構築物の主材料が不適切であったり、構造自体が脆弱であったりと、既存の構造物の欠陥が構造物の崩壊に繋がっている。こうした根本的な原因で被害が繰り返され、多くの人命が奪われている。

構造物を制作した時代の関係者の思考や材料や技術、業界の施工方法等が、その時代の科学技術の結集であったとしても、今の時代では全く通用しない古いものが多く、責任構造物とは言えない現況を注視しなくてはならない。

また、役所の土堤原則に始まる前例主義は、同じ幹から株分けした業界の一族が、学生時代から純白の脳を染めてきたコンクリート構造物であり、構造はフーチング形式である。これらの前例主義的考え方を持ったＤＮＡが新しい科学技術や他工法を受け入れず、遠ざけて否定してきた。そして正義感を表に出して、専門家が大きな幹である恩師の技術を踏襲し、戦後の日本を再生し発展を築いた。そして防災構造物も造ってきた。

こうして多くの実績を残してきた防災構造物に間違いなどあるはずがないと、頑なに正当性を誇示する。その結果、この度の被害は自然の威力が想定以上だったと、地球自体の営みの責任にしている。防災構造物は全て役所が最終決定して構築し、運用管理している。その大金を掛けて出来上がった責任構造物に自信が持てないから、早め早めに「逃げろ、逃げろ」と国民を誘導している。

構造革命は、まず行政機関が「思考革命」を起こさないと始動できない。防災構造物は役人の範疇で決めるのではなく、科学で実証・検証して、科学的に実証できる原理原則に即した「材料と構造と工法」を、今の時代の最前線にあるテクノロジーに求めるべきである。

破壊されない責任構造物としての責任を全うできるインプラント構造物

人間の歯の構造を取り入れ、強度と靭性を持たせる

人間の「歯」の使用頻度は高く、使用目的は多種にわたり寿命は非常に長い。歯を食い

しばったり固いものを噛んだりする時に、歯に掛かる力は強大なものである。また、モノをくわえて引っ張る力も強く、持続する粘り強さを持っている。

歯がこのような優れた性能を持ち維持できるのは、使用目的に適した材質と構造を持っているからである。過酷な使用にも耐えられる構造は、まず一本一本の歯の素材が高強度の象牙質でできていて、硬度と粘り強さを持った「許容構造部材（一本一本の歯が与えられる力に耐える部材）」である。この主要部材を支えて固定しているのが「歯槽骨と歯肉」であり、これが頭蓋骨に繋がり身体全体の骨格で支えている。故に、歯の構造は強靭である。

防災構造物は、自然の猛威からあらゆるものを守る強靭な構造体でなくてはならない。長大構造物が最も弱点とする形状変形を克服するために、人間の歯の構造を取り入れ、一本一本の杭材に強度と靭性を持たせた「許容構造部材」を使用するのである。この杭材を連続して打ち込んで壁形状を構成する。これが「インプラント構造」である。

この杭材連続壁を地球に深く打ち込み「地球と一体化」することによって、杭材の強度に合わせて壁体全体に大きな強度と靭性を持たせることができる。防災構造物の使命である襲い掛かる自然の猛威を受け止め、粘る、頑張る、耐える、の試練を克服して、破壊されない責任構造物としての責任を全うできる「科学的構造体」なのである。

建設の五大原則に則った防災構造物に適した科学的原理を有する唯一の工法

「インプラント構造」は、長大構造物であっても既存のフーチング構造のように壁体が連続しておらず、一本一本の杭材が隣り合わせで連続し、壁体を構成している。その杭材の一本一本が自立できる強度を持っている許容構造部材であり、災害によって壁体が受ける大きなモーメントはそれぞれの杭材に分散される。この許容構造部材でできた壁体を「インプラントウォール」と呼んでいる。インプラントウォールが受けた自然界の攻撃力は、地球に深く打ち込まれた杭材の支持力によって地球自体の力で受け止めてくれたことになる。

既存の壁体は「フーチング構造」で、地球の掌に載っている構造である。地球が少し手を動かすと、掌の上に載っている構造物は埃の如く飛んでしまう。それに対してインプラント構造物は、地球の掌に杭を差し込んだ構造である。地球がいくら上下左右に手を動かしても、追従して離れない。これが壊れない構造物の「原理の違い」である。

躯体部分と基礎部分が一体化した許容構造部材はプラントで生産するため品質が一定し、検査基準をクリアした部材として提供できる。また既存工法の最大の弱点である仮設工事を無くすことができ、現場も最小スペースで済み、複数パーティーで同時施工が可能であ

■インプラント構造®

躯体部と基礎部が一体となった「許容構造部材」を油圧による静的荷重で地中に押し込み、地球と一体化し構築される構造物。工場生産される許容構造部材は、一本一本が工業製品として高い剛性と品質を有し、部材の大きさと地盤への貫入深さによって、鉛直方向や水平方向からの外力に対して高い耐力を発揮する。

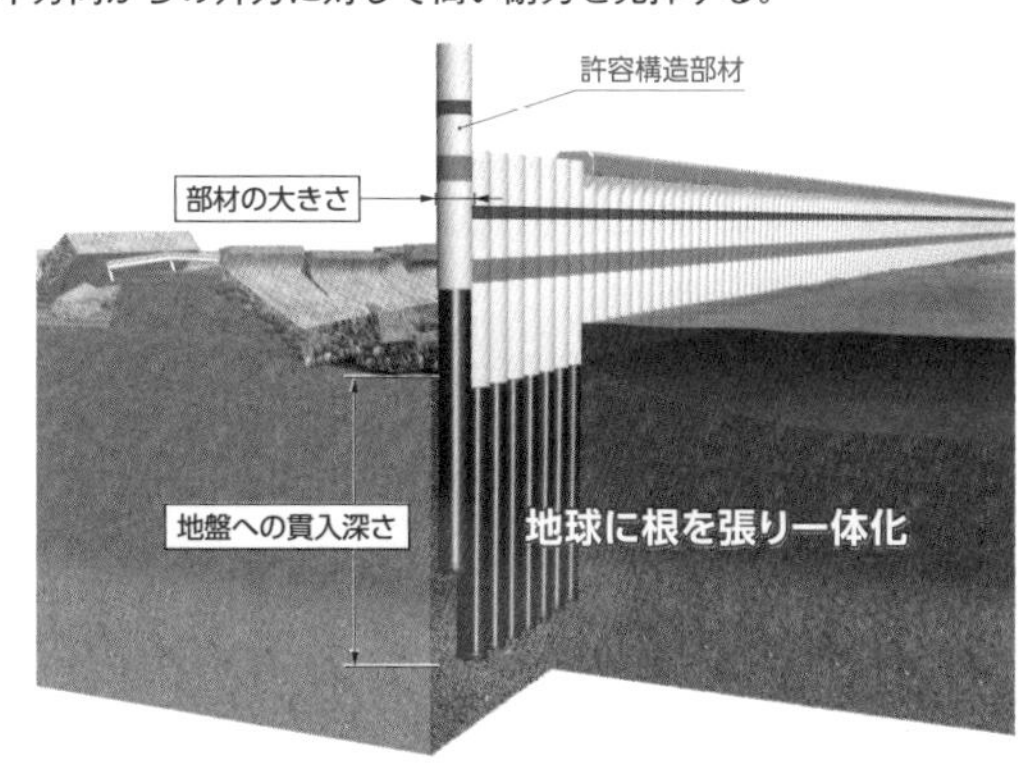

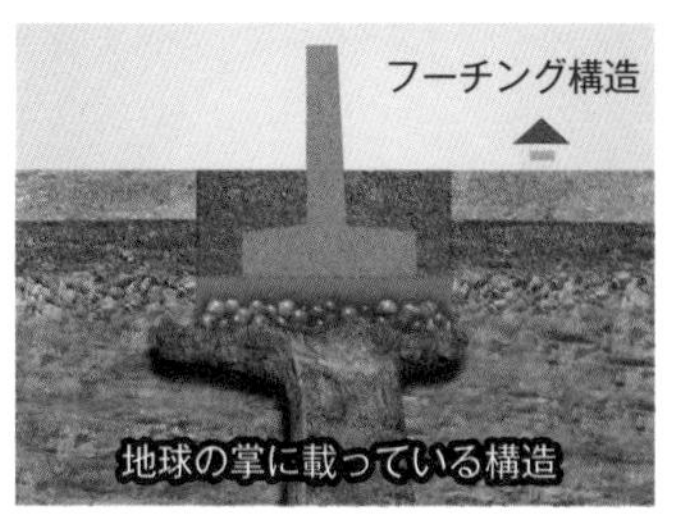

る。特に防災工事で望まれる最短工期での完成と、システム施工による少人数化を実現でき、建設の五大原則に則った防災構造物に適した科学的原理を有する唯一の工法である。

一刻も早く科学的原理に立脚した新しい構造物への転換を

防災施設は実績と最新科学を融合した最新技術で時代を代表する構築物であるべき

多種多様な自然災害の脅威も、その威力を科学によって分析すれば種々のエネルギーに分類でき、その力を特定することができる。防災構造物は、特定された目的に適合した構造で構築されるべきである。

自然が発するエネルギーは、地震波であったり、津波であったり、濁流であったり、土砂の崩落であったりと様々であるが、それらの発するエネルギーを受け止めるのが防災構造物である。防災施設はいつの時代も、実績と最新科学を融合した最新技術で時代を代表する構築物であるべきである。

自然災害は昔から繰り返し襲ってきていて決して珍しい現象でも新しいものでもない。それを受け止める人間社会は、年代と共に進化し、科学技術の発達も進んでいる、最近の科学技術の進歩は目を見張るものばかりである。

それに引き換え、国民の命と生活、歴史、財産を守るべき最も重要な国土防災に関する防災構造物は、古人が側近の土を掘って盛り上げた「土堤」をいつまでも神霊化して守っている、全く古い考えのままの現状である。

科学に立脚した最良の素材や工法は既に確立されている

一般人は、役人や政治家を尊敬しているが、地球は決してこの人達に尊敬の念は持っていない。「やったことのないことはやらない、使ったことのないものは使わない、前例がないから受け付けない」「堤防は土堤が原則だ」などといつまでも前例主義と権威を振っても地球には通用しない。

地球と対話し自然を守り国民が共生していくことの大切さを人間に示唆してくれているのが、毎年やってくる自然災害である。自然と共生していく手段や知恵は人間にあるが、自然災害の猛威に立ち向かい直接防衛するのは、役人でも政治家でも防災学者でもなく、あくまでも「防災施設」そのものである。

自然の猛威を食い止める使命を持った責任構造物の本領は、全て科学技術で証明され数値化できるものでなくてはならない。科学技術は秒進分歩であるが故に、時代と共に新しい構造物ができていく。新しい素材が生まれ、新しい機械が造られ、新しい工法が創出され、今まで以上に強靭な新しい構造物が誕生している「建設は日々新たなり」の所以である。その効用をいち早く取り入れて採用し、国民に安全、安心を与えることを政治家や行政が先導しなくてはならない。

科学に立脚した最良の素材や工法は既に確立されている。一刻も早く全国の河川を土堤から許容構造部材を使った壊れない堤防、科学的原理に立脚した新しい構造物「インプラントロック堤防」にしなくては絶対に安心は得られない。全国の河川の構造革命を実施しても、毎年の災禍による膨大な金額と国民の不安に換算すれば全く安価な事業である。

工法革命でイノベーション人材の育成

十年一日の如く変わらない旧態建設業界が平然と存在している

建設業こそイノベーションを起こし最新の技術を導入し「建設の五大原則」を順守し、全産業のけん引役を務め、国民の目線で見た「工法革命」を起こさなくてはならない。「革

■インプラントロック堤防

「インプラント構造」による２列の連続壁と妻壁によって、浸透破堤・浸食破堤・越水破堤を防ぐとともに、「拘束地盤免震」で地震による液状化にも粘り強く耐える堤防。仮設工事の不要な「GRB システム」の複数台同時施工によって急速に構築可能。

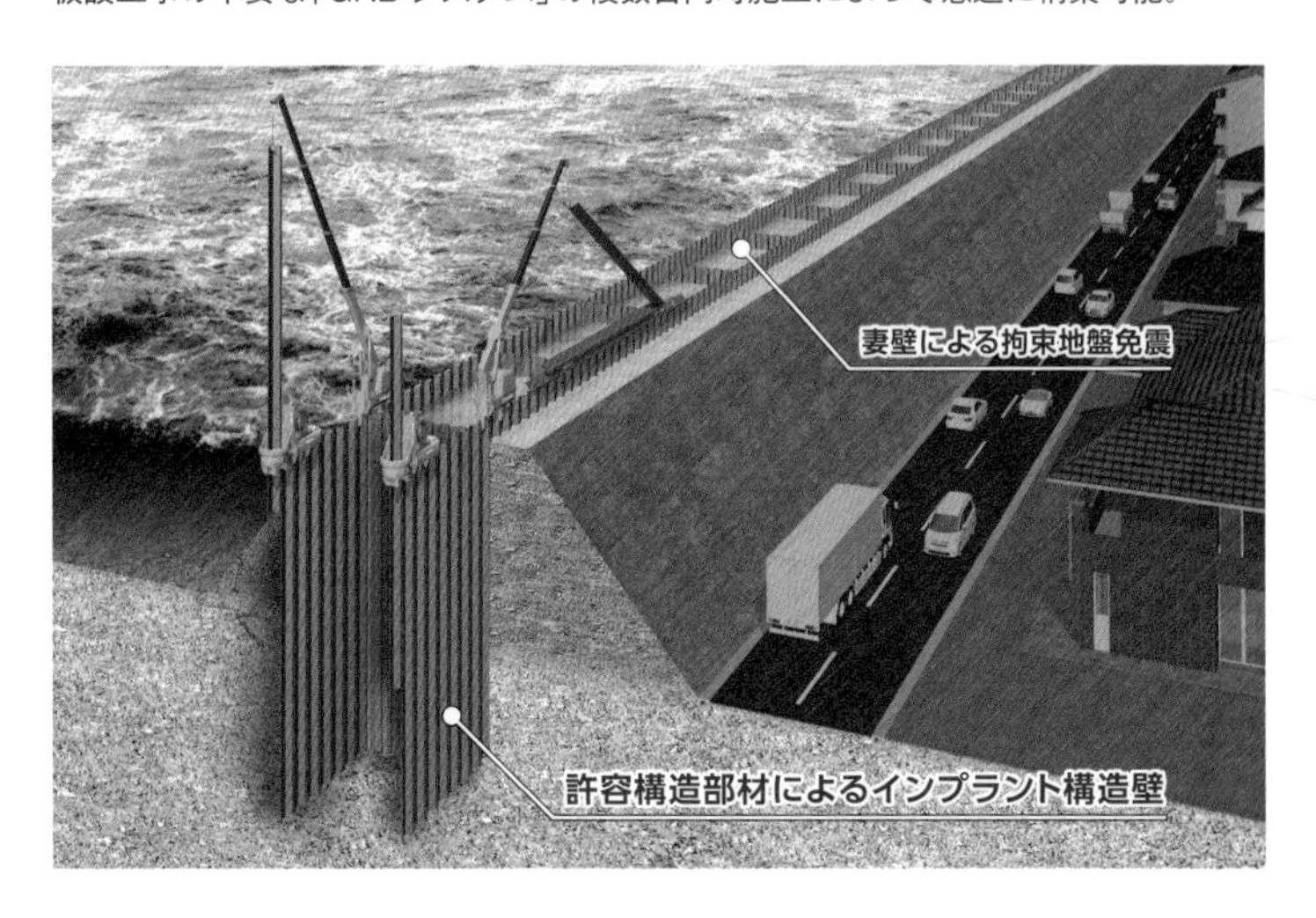

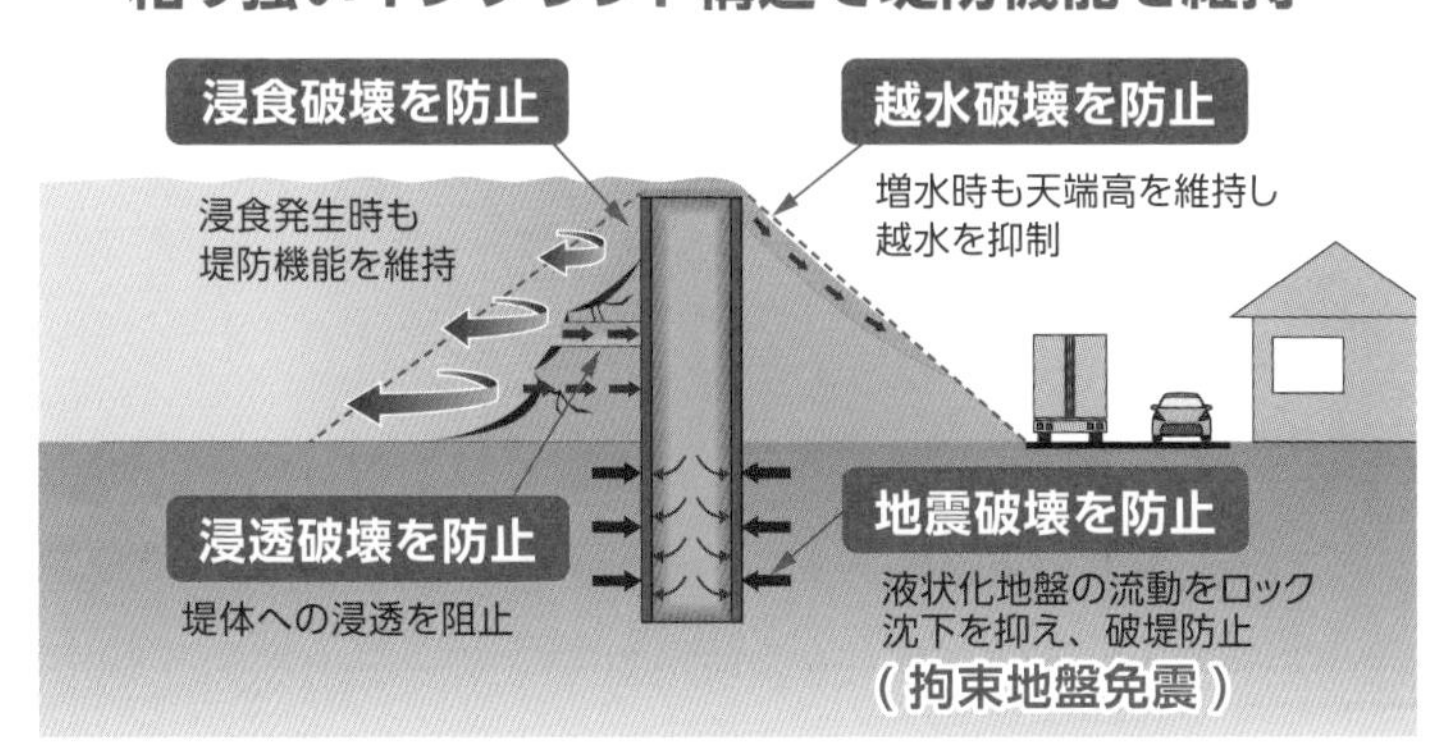

命」とは、ある状態を急激に変革することである。従来の被支配階級から新しい支配者が権力を奪い新しい世界をつくることであって多大なエネルギーを必要とし、国家権力の革命であれば流血が常である。

建設業界の既存勢力に立ち向かい革命を起こす者はいなかった。今まで革命は起こらず、十年一日の如くとして変わらない旧態建設業界が平然と存在しているのである。

災害の度に被害を繰り返している所轄の関係官庁は、現状を科学で受け止め、既存の河川や防災構造物の現況を根本的に分解して原理原則に即した新しい形態に組み立て直すことが喫緊である。自然の営みの研究をいくら深めても、想定外だとか、逃げることを前提にしていては、いつまで経っても災害に対する対応でしかなくジャンケンの後出しになってしまう。自然と共存し、知恵と科学をベースとし解決の道を選ばなくてはいつまでも国民の安全と安心は得られない。

建設業界を新生させる人材の輩出を

こうした現況の中で「工法革命」を起こして「新生建設業界」を創設すべきだと数十年来訴え続けてきた。特に阪神淡路大震災後には既存の防波堤、防潮堤、河川堤防は非科学

■防波堤の概念を変える新素材と新構造を用いた「インプラントバリア」

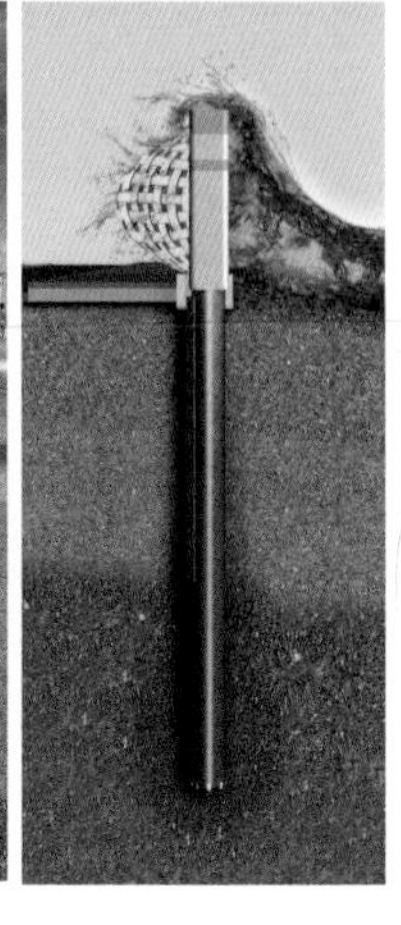

的で脆弱であり、災害を受け止める機能を最初から有していないことを指摘し、科学的な整合性を有する新しい構造体である「インプラント構造」を提唱してきた。

既存工法は自然災害によって次々と崩壊し、その脆弱性が証明されているのに対して、インプラント構造体は無傷でその使命と責任を果たして実績を積んでいる。この現実を証明してくれているのは、専門学者でも役人でもない、自然界の自働する営みが、その脆弱性と強靭性をはっきりと実証し、証明してくれているのである。

最新の科学に則って開発を進めている防波堤のモデルは、既存の物とは全く異なる発想と構造で、土砂やコンクリートを一切使わず、高張力の化学繊維の帯を組み合わせた「ネット壁体」を「インプラントシャフト」が地球の反力で支える構造であり、その強靭性が実証されている。

前例主義や固定概念に捉われない新しい発想が、業界にイノベーションを起こし国民を新しい時代へと誘うのである。柔軟で新しい発想が生かせて、新奇性・発明性に富んだ新しい技術で新しい構造体を造る若者を育てないと建設業界は崩壊してしまう。

今の建設業界に革命を起こせる「イノベーション人材」の養成が急務である。学校に新しい専門学科を取り入れ、科学に基づく新しい素材と構造を発想し、検証し、実証を以って完成に到達する責任構造物の構築が急務である。今までの固定概念とは無縁の、新しい学科の中で生まれる新奇な構造物と、既存構造物の特徴を分解し解析できる、新しい発明者や研究者を輩出しなくてはならない。

「壊れない構造物」を精査する新しい学問の創設

同じ過ちを繰り返すのは、今の学校で教えている教育の形態が古いから

防災構造物は、全て目的を持って構築されている。それが崩壊し、集落全体が水没する。

今の時代に、このような同じ過ちを繰り返している。この原因は、有史以来古人が造った土堤を堤体の基本として守り続けている「土堤ラバー」である行政の前例主義に起因していることは間違いない。

なぜこの過ちが毎年繰り返されるのか、どうして学習能力を持たないのか、その原因は今の学校で教えている教育の形態が古いからである。学科名も「土木」が名前の由来で、今では「都市デザイン工学」とか「環境システム工学」とか新しい名前を付けているが、元々土と木を主体とした構造物を検討する学問にコンクリートが加わったものである。

構造物を考える人、計画する人、造る人、監督する人、管理運営する人、この防災構造物に関わる全員が同じ学問の源流に育った人間である。どこの学校に行っても皆同じ土木の教育を受けて育った人達であり、この学問は、その昔まだ誰もが知らなかった新しい物や方法を導入してきた先輩が先生となって下に教え広げたものである。

国民の命の懸かった防災構造物だからこそ、専門学科の創設を

戦後急速に進展したのがコンクリートであり、躯体の主軸を成している。以来、工事と言えば、コンクリートが主体であると言っても過言ではなく、関係者の頭の中に深く入って固まっている。

主要素材はコンクリートで、形式は、地球の上に載せるフーチング構造が当たり前に定着した。造形しやすく、強度はありコストは安く、この方法がベストだ、これ以上の方法は他にないと決めて、ピーク時には年間2億立方メートル近いコンクリートで国土を固めていった。その頂点に立つコンクリート学者を皆が崇拝し、そこから株分けした子分が指導者となって同じＤＮＡを持つ「コンクリートラバー達」が、役人になり、設計者、施工業者、学者と、関係者は皆同じ幹からの株分けとなった。

このような単一の教育を受けた一族が完成させた構造物に事故があった場合、俺達がやっていることはベストだ、先輩もその先輩もやってきた、絶対に間違ってはいないと一族が結束を強め、どうしても科学に照らし合わせ原理原則で分析することには手をつけず、毎年同じ災禍に遭いながら想定外へと逃げ込むのである。こうした現況をいくら続けてもこの機構形態は変わらないし、災害は繰り返される。

そこで喫緊なのは全く新しい学問の創設である。役所も前例も全く関係なく「壊れない構造物」を科学的に原理原則で精査する新しい学問を専門学科として取り入れ追求することである。今までのような古にできた土堤やコンクリートをいつまでも信じて変えること

■津波シミュレータ

インプラント構造物の耐津波性能の高さを科学的に検証するとともに、地震と津波による構造物の被災メカニズムの分析によって、これまでの常識を超える新素材を用いた合理的で高度なインプラント構造物の構築を具体的に提案するために開発した装置。

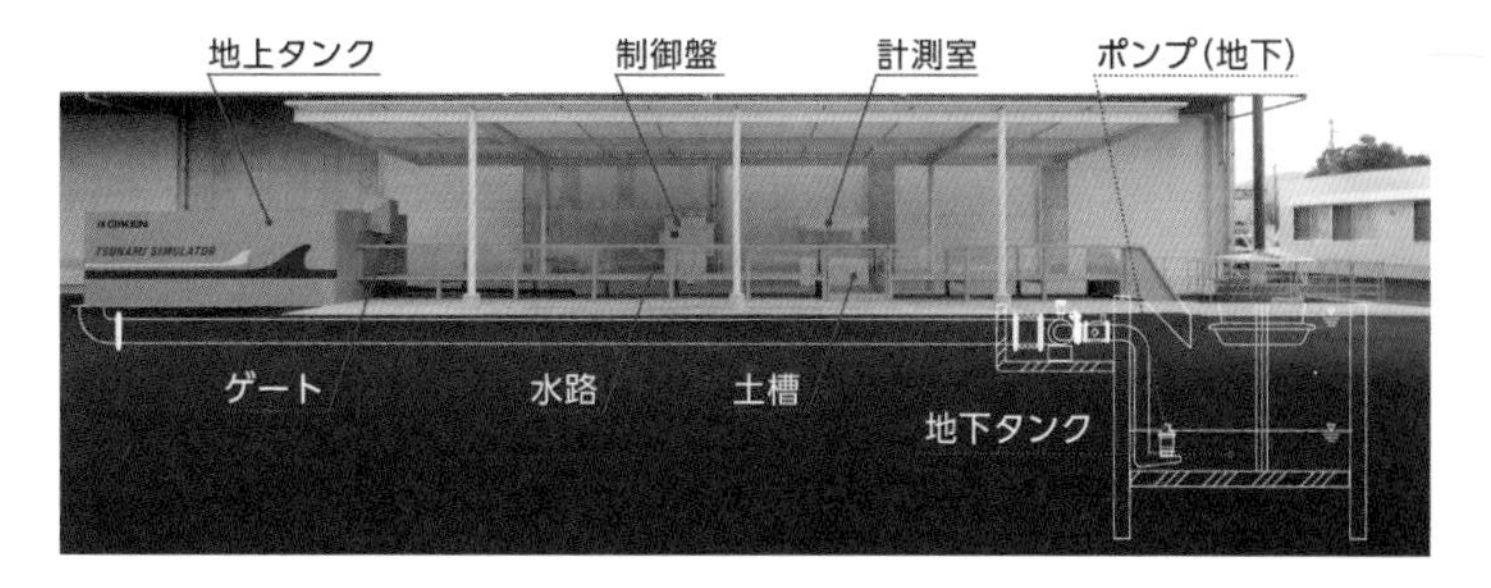

「津波シミュレータ」による耐波実験

土槽部に実験模型(1/33 スケールの防潮堤模型)を設置し、水路内に津波(実物大で波高 6 ~ 7m、流速 10 ~ 15m/s)を発生させる。構造による強度の違いは歴然だ。

を悪だと決め付けるのではなく、国民の命の懸かった防災構造物だからこそ、最先端の技術・工法を創出するために、専門高校・専門大学・専門学科を喫緊に作らなくてはならない。

一部の大学で防災を取り上げた学科を作っているが、内容は逃げる研究と破堤を遅らせる研究ばかりで、肝心の「壊れない構造体」の構築には程遠い内容である。「壊れない構造物を造る」というテーマが決まれば、学問としての創造性は膨らむばかりである。

液状化地盤を耐震・免震の特効薬として活用する

自然は建設物の耐震・免震の基準を守ってくれるわけではない

地盤の液状化を研究している者は世界的に多い、その中の多くの者が液状化は自然災害の中の悪者だと評価している。そして耐震・免震と言えば液状化をどう克服するかで、それぞれの研究がなされ、権威者と言われる者も多数存在している。

国の建築基準法では液状化をすることを前提に色々な制約や計算方法で構造を規制している。地震大国である日本は地震を前提にして全ての構造物の設計基準を決めている、その基準を成す数字を震度7で決めている。公共構造物はもちろん、民間の構築物も震度7

を基準に設計され構築されている。

この基準の決定の裏付けには歴とした根拠が存在していると思うが、震度8や9、10が襲来した時は崩壊してしまう。地震の時期や規模や場所は解らないが、その威力は地震学者を当てにしなくても、過去の事例によって解る。その威力は岩盤を横に引き裂き、縦に割って断層を造るくらいの威力があって人工的には考えられない物凄い大きなエネルギーである。この無限のエネルギーに対して、壊れない構造物を造ろうと人間が色々な努力をしている。

結論として、この我々人類が基盤としている土台である地球が振動を起こす、この膨大なエネルギーに勝てる人工的な構造があるのか、筆者は、それはないと断定している。既に建っている建設物の耐震・免震も国が色々と指導して基準を作っているが、自然の自営活動であるエネルギーの放出は、役所の言うことには従ってくれない。

役所の基準を完全に順守しなくてはならない日本の許認可に対して、自然側がそれ以上の威力で攻撃してきたらいくら耐震・免震に金を掛けても全滅である。国民は安全に安心して生活するために国の基準に準じて耐震・免震の施工を施し、金を掛けているのに自然側がその基準を守ってくれる約束はない。想定外だったと役所に逃げられたら目も当てられないが、しかしそれは現実である。

絶大な威力を持った地球のメカニズムに反発しても勝てない

筆者はこう考えている。「地球の威力には人間は絶対に勝てない、耐震・免震とは、国の基準ではなく人間が死なない構造にすることだと結論を先に出している」

自分の住んでいる基盤が大きなエネルギーで振幅する。その上に載る構造物にどんなに手を加えても、それは無駄な抵抗だ。強くすればするほど「慣性」が働く。いくら強靭に造っても、人間が造った構造物が地震の振幅を止めることはできない。本当に耐震・免震を享受しようとするなら、月から構造物を吊るして、地球と縁を切っておくことだ。

こうした絶大な威力を持った地球のメカニズムに反発しても勝てない。そこで筆者は、液状化地盤を特効薬と考えて液状化地盤を有効に活用することを考えて工法化している。

1964年6月16日発生の新潟地震では昭和大橋がずれ落ちるなど、惨憺たる現状の中で、無傷で残ったビルが存在していることに注目し、調べてみるとビルの建設の時に地下工事のために打ち込んだ鋼矢板（土砂などの崩れを防ぐ鋼板）をそのまま残置してあったことが判明した。その効果によって、ビルが無傷で現存しているのである。

そのメカニズムを探り、実際に建物の周囲を囲む実験を続け、その後、液状化地盤の特性を研究した結果「拘束地盤免震」と命名し、工法の開発に至った。液状化するというメカニズムは、地震の振幅によって伝搬されるエネルギーを液状化する地盤が受け止め、その振幅を緩衝してくれる。その残骸が液状化した地盤である、故に自然界の耐震・免震の特効薬が液状化なのである。

それでは液状化によるマイナス面は何かというと、構造物が①上がる　②下がる　③傾く、の三つである。これを克服するために「構造物を囲む」つまり拘束することで、この大きなマイナス点を最小限に止めることができることを実証し、今までの実際に起こった地震の結果、その真価が証明できて拘束地盤免震と名付けている。

どんなに丈夫にしても、弱いところに歪みが来て破壊に至る

既存の建設物は国の色々な制約を順守して建設しているが、いったん地震に見舞われると阪神淡路大震災も新潟地震も東日本大震災でも、ほとんどの構築物がガタガタになって使えない。構造設計をしないで建設をしている構造体はない。たとえ民間であっても役所の許可を受けて建設した建物である。それが地震の後ガタガタに壊れるのは、今の設計の

■拘束地盤免震

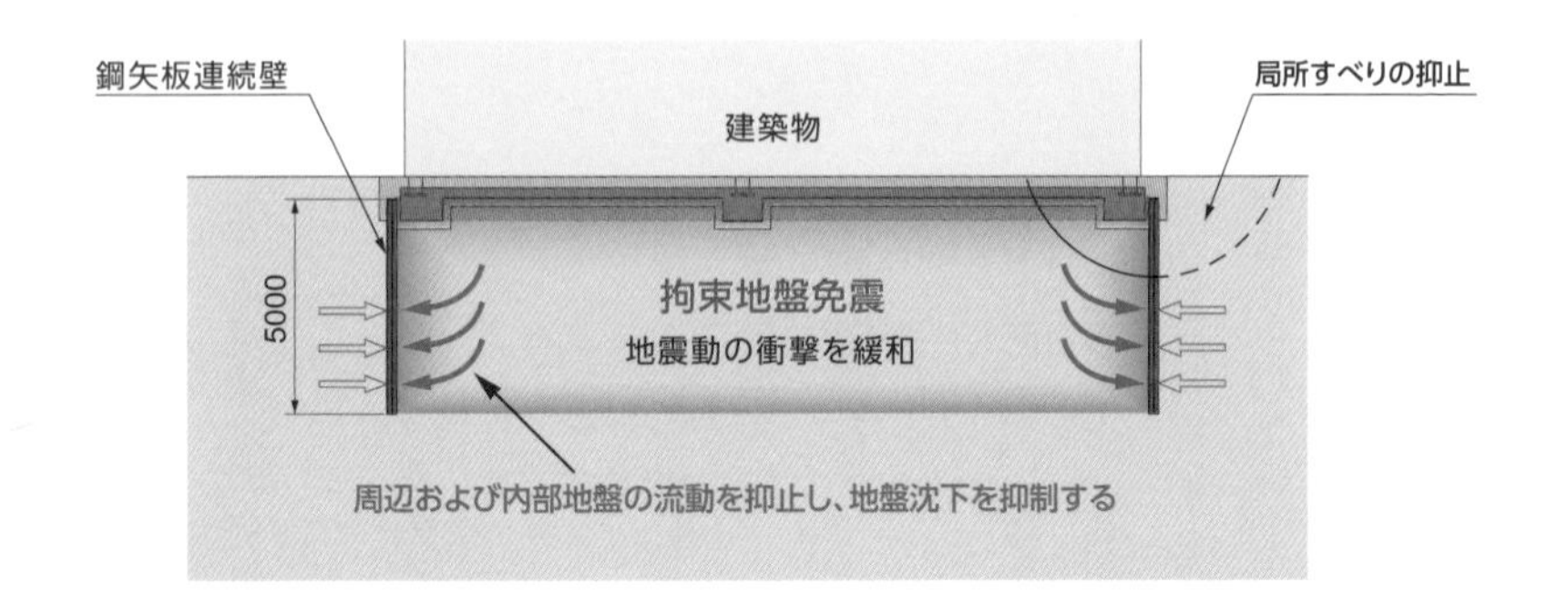

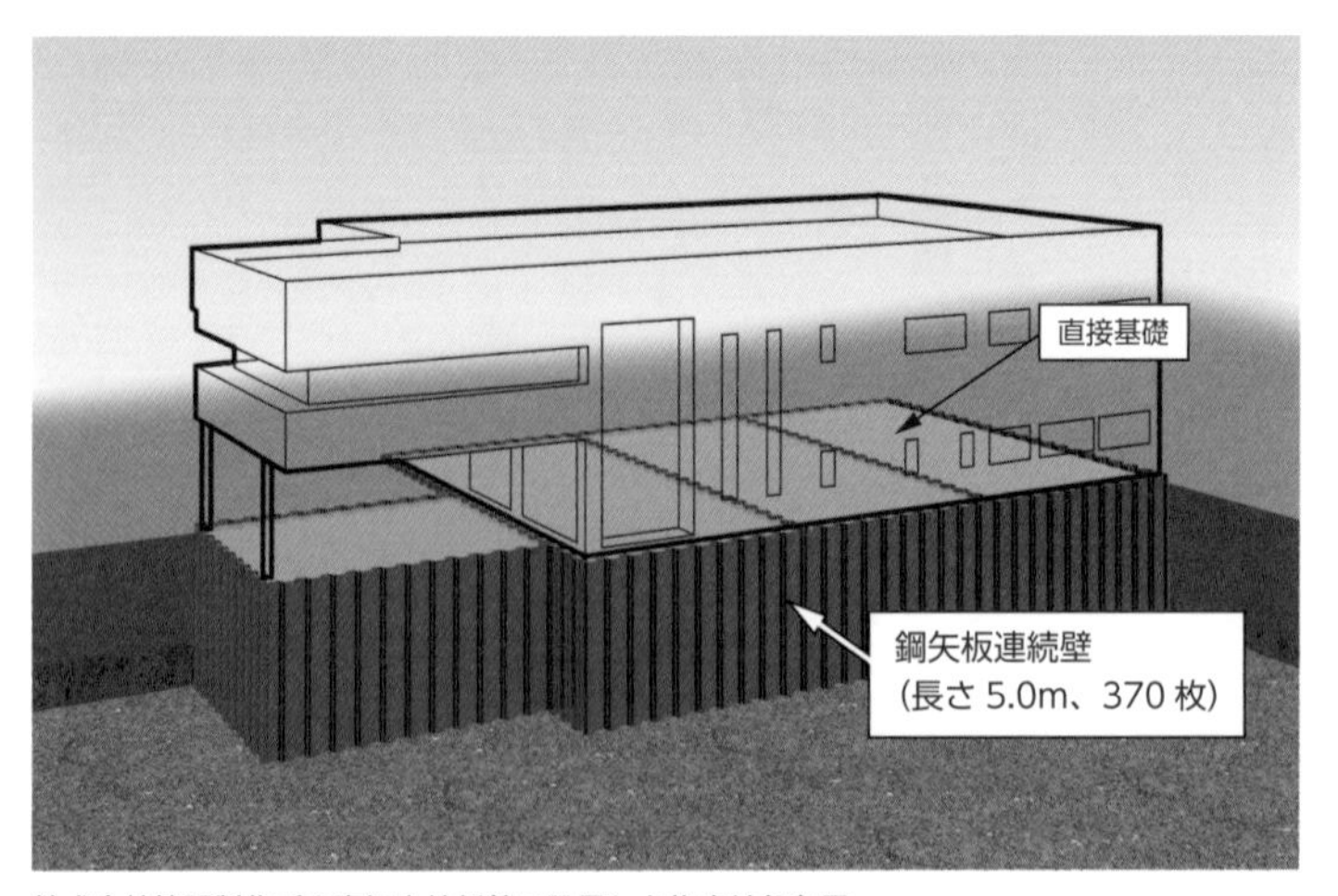

株式会社技研製作所の高知本社新館に設置した拘束地盤免震

計算基準や計算式が現実に合っていないことの証明である。

今の建設を支配している行政が前例主義の考え方を持って、今俺たちのやっていることが正しいのだと固定してはいけない。新しい構造、新しい方法は無限にあって、その新しい考え方を取り入れるのが役所の本来の在り方である。地球に抵抗して勝てるはずがない。がんじがらめの強度を持たせても構造体を大型化しても、やればやるだけ慣性が働き地球の威力は強く伝播することになる。結果、どんなに丈夫にしてもどこかの弱いところに歪みが来て破壊に至る。筆者は液状化地盤の特性を利用して軟弱地盤に構造物を載せて、地球のエネルギーに逆らわず、そのエネルギーに身を任せて一緒に揺れることを前提に全く新しい構想を持ってそれを「うちわ構造」と称して実用化しようとしている。こうした新しい考え方のできる学問の創設を喫緊に望んでいる。

新生建設業界への移行を推進する全国圧入協会の活動

杭打公害の救世主となった無振動・無騒音杭打ち機「サイレントパイラー®」

日本国も近代国家の枠組みを整え1967年8月「公害対策基本法」を公布した。これに同行するように、筆者は建設公害の元凶と言われていた杭打工事を原理から変える無振動・無騒音静荷重杭圧入引抜機「サイレントパイラー」を発明した。

この機械は、杭打公害の救世主として一気に全国に普及していった。地球に杭を打ち込むということは大きなエネルギーを必要とし、①杭の頭を叩く打撃式や、②打ち込む杭を掴んでその杭に振動を与えて貫入させる振動式の方法、③また地球を掘削してその穴に杭を入れる方法があった。いずれにしても大きな力を必要とするため、その杭に与えるエネルギーの根源が公害発生の基を持っていたのである。

杉板に5寸釘を打つ、これだけでも無振動・無騒音で打つのは難しい。それを500ミリも1000ミリもある大きな杭材を音も立てず振動も出さず、煙も臭いも出さずに地球に貫入させるというのは至難の業であり、世界中の関係者が取り組んだが成功には至らなかった。「既に打ち込んだ杭を掴んでその杭の引抜抵抗力を反力として次の杭を打つ」。この新しい原理の着想を生かして、今までにない新しい杭打機がデビューしたのである。

無公害工法の新しい市場を世界に広めるべく設立

この新しい発想は、静荷重を利用しているためエネルギーの根源に公害がなく、反力を

■「圧入原理」を世界で初めて実用化した無振動・無騒音静荷重杭圧入引抜機「サイレントパイラー®」

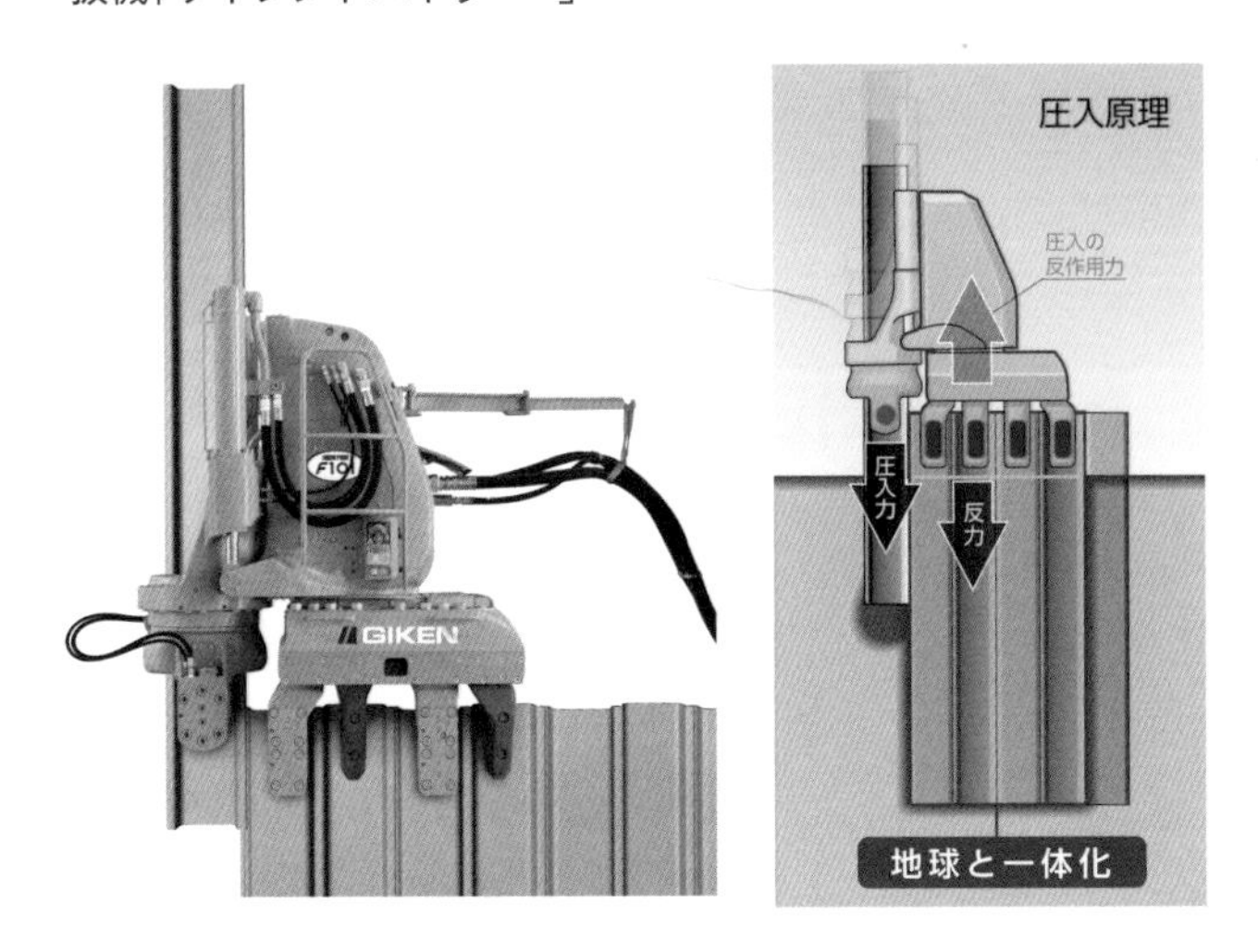

■「圧入原理」に基づき仮設レス施工を実現した「GRB® システム」

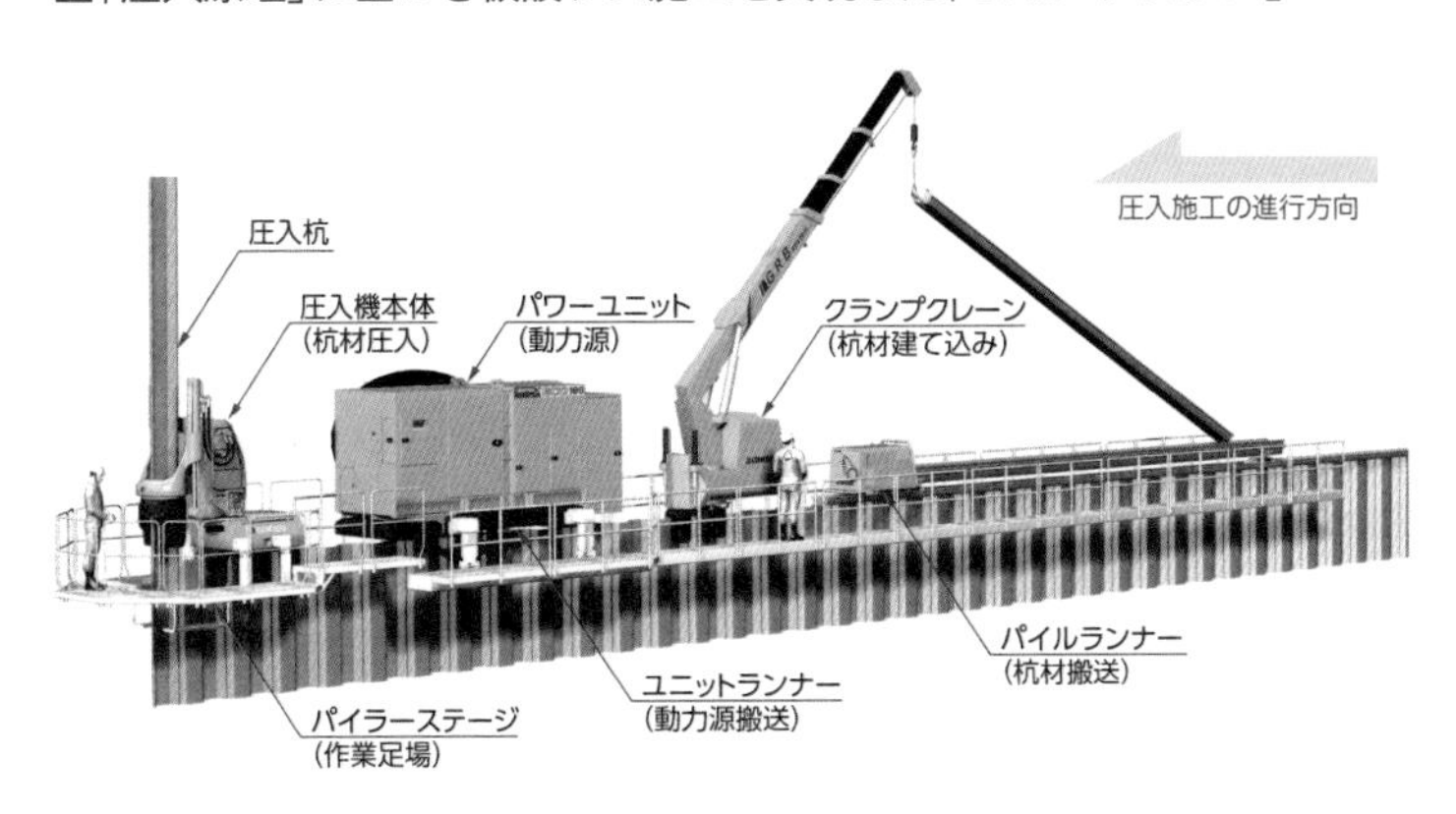

■従来工法と「GRBシステム」の比較

下記のような河川工事を例にとると、従来工法でははじめに「仮設構台」と呼ばれる作業ステージを構築し、その上に工事用機械を設置し作業を行う必要がある。一方、GRBシステムを用いれば作業スペースは杭上の機械幅まで極小化されるため、仮設工事が不要な「仮設レス施工」を実現できる。これにより工期・工費、CO_2 排出量を大幅に縮減できる。

地球に求めるために機械の自重を必要としない故、機械が最小で済む等、長所がたくさんある。こうした新しい原理に基づく機械や、それを使った工法を正しく理解し、無公害工法の新しい市場を世界に広めていくことを目的として１９７９年６月「全国ＳＭＰ協会」を設立した。今の「全国圧入協会（ＪＰＡ）」の前身である。

それ以来40年にわたり、研鑽に研鑽を重ね、２０２０年１月現在で２０４社を超える正会員と協賛会員31社、賛助会員４社５団体、特別会員６名を擁する全国組織になっている。

年間を通じた行事は、圧入工法普及事業、社会貢献活動、国際圧入学会との連携活動、積算資料編纂、広報事業、教育事業と多彩に活動を続けている。

また、会員の技術向上を目的に資格制度を作り取得活動を進め、建設業界の先端を担って工法革命を進めている。こうした協会活動を通して旧態建設業界から新しい新生建設業界への移行に鋭意努力を続けているところである。

国際圧入学会（IPA）の創設

圧入工法の優位性の裏付けを学問として認定する

我々の文明生活は地球を土台とする「基礎」に支えられている。しかし地下は目視できない想像の領域であり、大切な使命を担いながらも、基礎の理論は係数や経験知を頼りとした推論がほとんどであった。

一方、「圧入」は、杭に静荷重を加えて地中に押し込む施工方法で、基礎が完成後に構造物を支えている状態と、ほぼ同じ力学的関係がつくり出される。こうした優位性を持ちながら学問的な裏付けがなかった。

そこで「圧入工学」の名の下で、環境・機械・施工・計測・地盤といった圧入に関連する幅広い専門分野の連携を図り、理論と実践を融合させた「実証科学」から真実を究明する目的で、国際学術組織である「国際圧入学会（ＩＰＡ）」の創設に注力した。

それに先駆けて１９９４年からイギリス、ケンブリッジ大学と共同研究を開始しており、静荷重によってできる杭先端の圧力球根の解明からスタートし、26年間に及び毎年テーマを決めて取り組み多大な成果を上げ、圧入博士も５名輩出している。

学会創設に民間が動いては利害が絡む故、成り立たないと、関係者は地盤工学会の中に一つの部として取り入れたら良いという意見もあった。しかしながら、学会とは一般国民の用に供するものでなくては存在価値がない。そこで環境、機械、施工、計測、地盤など関係する団体と一緒になって、実用化している圧入工法の優位性の裏付けを学問としてキッチリと認定することを目的とした独立の学会を立ち上げた。

「インプラント工法®」の浸透を促進させる唯一の国際学術組織

また、学者がいくら研究を続けても、天才学者がいくら理論を打ち立ててもその結論は、「こうなるはずだ、こうであろう」という領域までが限界であり真実には届かない。我々がやっている現場での杭打ちは、この杭はこのような結果が出たと証明をすることができ

■ケンブリッジ大学で開催された、国際圧入学会（IPA）の設立総会（2007年2月16日）

るが、その次の杭も同じ結果が出ると断言することはできない。故に、学問と実証が一体にならなくては、真実は出ないという「趣意書」を世界の関係者に配布し、全員一致で賛同を得た。

学者がいくら頑張っても、実機を構えて検証するのは難しい。また、施工業者が実際に杭は打てても理論を打ち立てるのは難しい。そこで業者と学者、そして色々な関係者が一緒になって学会を設立し「圧入を学問化し数値化するべきだ」という意見が一致して、２００７年２月16日ケンブリッジ大学チャーチルカレッジのモラーセンターにおいて念願の「国際圧入学会（ＩＰＡ）」の設立が叶った。

学会の設立に伴って関連する幅広い分野で連携を図り、理論と実践を融合させて圧入工法の優位性を生かした「インプラント工法」の社会への浸透を促進させる唯一の国際学術組織として活躍している。

設立後約10年間は年に一回の圧入工学セミナーを開催し、隔年で国際ワークショップの開催及び研究助成賞に関する研究論文集の発刊を通じ、圧入工法やインプラント工法の知名度の向上や研究者・技術者のネットワークの拡大に主眼を置いてきた。そして『圧入工法設計・施工指針』の日本語版を纏めて発刊し、続いて英語版・中国語版と世界に向けて圧入工法の優位性を拡げている。

建設業界は、世界的に古い体質が依然として主流をなしている、そんな中で、造った構築物が目的を達せずに壊れる、また人手が居ない等旧態依然とした古い体質が大きな問題になっている。圧入原理の優位性はこのような既存のマイナス面を一気に解決し、全く新しい建設業界を造る要素をいっぱい内包している。圧入原理の優位性はこれからの建設業界を担う主流になることは間違いない。

神田　政幸
理事
公益財団法人鉄道総合技術研究所
部長　(日本)

前川　宏一
理事
横浜国立大学　教授
(日本)

Andrew McNamara
理事
シティー大学ロンドン
上級講師　(イギリス)

見波　潔
理事
村本建設株式会社　専務執行役員
(日本)

大谷　順
理事
熊本大学　教授
(日本)

Kenichi Soga
理事
カルフォルニア大学　バークレー校
教授　(アメリカ)

鈴木　比呂子
理事
千葉工業大学　教授
(日本)

竹村　次朗
理事
東京工業大学　准教授
(日本)

寺師　昌明
理事
株式会社技研製作所　顧問
(日本)

内村　太郎
理事
埼玉大学　准教授
(日本)

楊　磊(Yang Lei)
理事
上海隧道工程股份有限会社
副総裁　(中国)

Limin Zhang
理事
香港科技大学　教授
(香港)

藤崎　義久
監事
株式会社技研製作所　取締役
(日本)

王　桂萱(Wang Guixuan)
監事
大連大学　教授
(中国)

Malcolm Bolton
名誉会員
ケンブリッジ大学　名誉教授
(イギリス)

■ 国際圧入学会（IPA）　理事・監事　一覧

2020年3月現在

北村　精男
名誉会長
株式会社技研製作所
代表取締役社長　（日本）

日下部　治
会長／理事
東京工業大学　名誉教授
（日本）

Chun Fai Leung
副会長／理事
シンガポール国立大学　教授
（シンガポール）

松本　樹典
副会長／理事
金沢大学　教授
（日本）

David White
副会長／理事
サウサンプトン大学　教授
（イギリス）

Nor Azizi Bin Yusoff
副会長／理事
ツン・フセイン・オン・マレーシア大学
上級講師　（マレーシア）

Alexis Philip Acacio
理事
フィリピン大学・ディリマン校　教授
（フィリピン）

Mounir Bouassida
理事
チュニス・エルマナール大学　教授
（チュニジア）

Dang Dang Tung
理事
ホーチミン工科大学(HCMUT)
国際教育センター 副部長　（ベトナム）

Michael Doubrovsky
理事
オデッサ国立海事大学　教授
（ウクライナ）

Marcos Massao Futai
理事
サンパウロ大学　准教授
（ブラジル）

Kenneth Gavin
理事
デルフト工科大学　教授
（オランダ）

Stuart Haigh
理事
ケンブリッジ大学　上級講師
（イギリス）

石原　行博
理事
株式会社技研製作所　課長
（日本）

菊池　喜昭
理事
東京理科大学　教授
（日本）

Pastsakorn Kitiyodom
理事
地盤・基礎エンジニアリング(GFE)
副社長　（タイ）

ウィンターズバーグ運河改良工事、フェーズ２（アメリカ合衆国）
施工期間：2013 年３月～９月

4.6 m

Z形鋼矢板 PZC26
L=13.7 m

エルベ川堤防補強工事（ドイツ）
施工期間：2017 年３月～８月

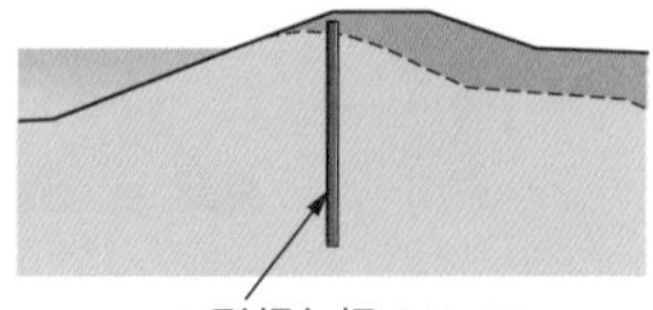

U形鋼矢板 GU14N
L=6.5 m

■海外での堤防補強事例

海外では鋼矢板による土堤の補強効果が認められ、多くの現場で採用されている。根拠なく「土堤原則」にこだわる日本との違いは明らかだ。

ウィンターズバーグ運河改良工事、フェーズ１（アメリカ合衆国）
施工期間：2008 年１月～２月

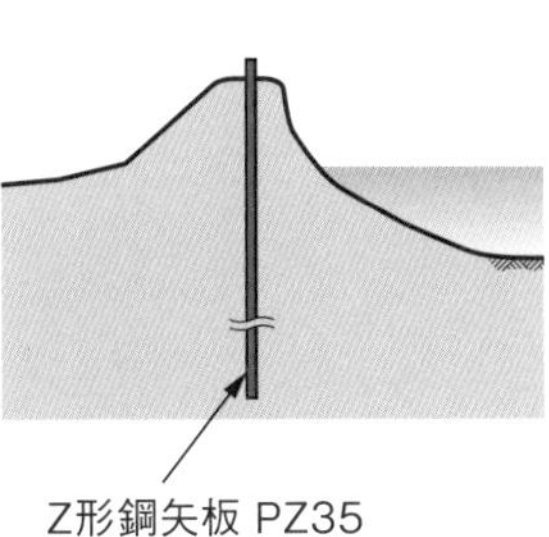

Z形鋼矢板 PZ35
L=13.7 m

―まとめ―

国土防災の名の下、国民は安全で安心な生活を送らねばならないのに雨が降ったから集落全体が水没する等、今の時代にあり得ない現実の事態が繰り返されている。国民がいくら学問を積んでも、いくら福祉を充実させても、いくら財産の増強を図っても、家ごと流れてしまってはどうしようもない。このような状態が現実に毎年起こっている。この事実から国家の予算配分もまず国土防災を第一優先にすべきである。

行政は支援という言葉をよく使うが、一定のところに支援をしたら、その他のところには必ず不公平が生じる。国民は納税義務で皆税金を納付しているのに、ある一定の品物を購入すると金が戻ってくる。例えば、省エネ車や省エネエアコンを購入すれば金が還元される。何千何百万とある商品の中で、商品を特定するとはどういうことか。省エネの自動車のどこが国のため国民のためになっているのか。自転車を買った人がもっと省エネではないか。省エネエアコンでも電気を消費している。それならウチワを買った人に還元すべきではないか。さらに言えば何も買わない者が一番省エネに貢献している。なぜ政治家や行政は、一部の者の人気取りに小手先を使うのか。

省エネ車や省エネエアコンは科学技術の進歩の証でありメーカーとして当然の成果であって、それに追い付けない商品に対して課税を強化すべきではないか。政治家や行政は安易に支援という言葉を使い、金をばら撒こうとするが、その財源は政党や役人の持ち物ではない。その金は大借金を抱える国が集めた国民の血税である。ほんの一部の者を助ける支援が政治家や役人は自分達の力であり役目であり腕の見せ所であって、良いことをしていると思っている。

元々、支援を受けなくてはならないことは正常ではないことを意味している。個人も企業も国家も支援など受けずに「自立」することが正常である。支援を受けることは誰かに助けてもらっていることであり、自分の本当の存在価値や存在意義を問うてみることである。政治家や役人は安易に支援するのではなく、自立を促し厳しく指導するのが本来の役目ではないか。

消費税を上げたら上げたで、色々と国民に気を遣って還元の方法を考えて複雑なルールを作って目先の増税をやわらげている。それだけ気を遣うなら消費税を増税しなければ良いではないか。還元する金があれば、その金を堂々と「国土防災」に使うべきではないか。国民が一番望んでいて納得できる使い方である。

毎年のように繰り返している河川の氾濫は、国民に逃げることを教えるための教材ではない。宇宙を征服しようとしている今の時代に地球上の覇者である人間が毎年溺死している現実を、行政も政治家も国民ももっと真摯に受け止めて、根本的な解決をしなくてはならない。

香港では「悪いことをした者の処遇」でさえ、あれだけのデモを行って国民の主張をはっきりと訴えている。日本は、有史以来繰り返している自然の営みの梅雨で毎年集落が浸水し、人が死んでいる。役所をはじめ、政治家、防災関係者が口を揃えて「想定外」だと自然に責任を転嫁しているが、これでは未来永劫、国民は安全安心を享受できない。

いくら猛烈な雨が降っても、たかだか1時間に100ミリ、200ミリで革靴が浸かる程度であり一日降り続いても500ミリ、600ミリくらいで大人の脛(すね)の位置である。これが防げないはずがない。逃げて解決するものなど何もない。物事は、必ず原因があって結果に繋がっている。科学に軸足を置き、原理原則で原因を突き止め、早急に抜本的解決を図らねばならない。

行政を中心とした、これまで防災に関係してきた一連の者達が「土堤原則」に始まる「前例主義」の古い考え方を一掃し、「思考革命」を図り、最新の科学技術に則った新しい考え方の上に立って、「防災構造物は責任構造物であって、しっかりと粘り、壊れないものだ」と定義しなくてはならない。国民も繰り返される被災を想定外だからと認め、毎年のように災害の人柱として犠牲者を送り込む訳にはいかない。

防災に使われる国民の税金の総額は大きい。それを無条件で行政に預けて全てを任せているのだから、いつまでも「想定外で自然界の責任だ」と言わせていてはいけない。国民は、防災に対する知識を高め、原理原則の普遍性を認識し、行政に対する意識を「尊敬の念」から「科学の大切さ」に置き換えた上で責任の所在を明らかにせよと立ち上がらなくてはならない。このままでは日本の防災技術は世界の最下位となり、国力は大きく疲弊し国土崩壊に至るのは明らかである。

― あとがき ―

毎年やってくる雨期になると、公共電波で、朝から晩まで一日中「早く逃げろ、自分の命は自分で守れ」と、アナウンサーや気象庁の職員が大騒ぎしている。国民の拠出金で過去３００兆円を大きく上回る金と年間３兆円の大金を、防災構造物に投下しているが、この膨大な金で構築した防災構造物の役割はどうなっているだろうか。

これは全て、国が管轄している防災構造物（責任構造物）である。国民から徴収した巨額の金で造った防災構造物は有事の時に役に立たないから、早く逃げてくれと言っているのである。我が国は防災技術の先進国で防災技術を輸出すると言っているが、今まで防災関係に投下した金額を他国と比較し、国内で毎年起こる被災・被害や死亡人数を換算すると防災技術は世界で最も「後進国」に挙げられる、恥ずかしく悲しい結果である。

安全で安心が求められる国家にあって、公共放送が朝から晩まで、〝国民は、自分の命は自分で守れ、早く逃げろ〟と言っているのを外国人はどう評価しているのであろう。国の民度の低さを世界中に晒しているのである。

国土の安定は、第一に防災構造物の信頼である。世界が見る日本の優位性は、美しい自然と安全に生活のできる基盤である。人類が宇宙に行く今の時代に、真っ黒な泥に沈んで死んでいく国民が毎年大勢いる。また、蓄積財産が霧散して叫び悲しむ者も後を絶たない。これは、台風そのものの被害より堤防の破堤による被害が大半である。

この悲劇の要因は古人がその時代の技術として仕方なく遣っていた手法を法制化し政令（河川管理施設等構造令　第19条）で定めて、いつまでも踏襲する行政の無科学性と学習能力のなさ、前例主義の考えの古さに起因していることは事実である。

この責任を行政の誰が負うのか。一国の主である総理大臣や防災の全責任を負う国土交通大臣が被災地の現場を視察しているが、地方には知事も居れば市長も町長も村長も居る。その長がそれぞれの対処手段を取るべきである。

事故には「必ず原因があって結果が出ている」のである。総理は、いつまでも前例主義を踏襲している国土交通大臣をはじめ関係者の責任の所在を明確にすべきではないか。被災した後処理にいくら厚い保証をしても、国益には繋がらない。壊れない「責任構造物」を最初に造っておくべきなのである。

日本には世界に冠たる防災技術が既に存在していて世界で活躍しているが、国内では前例主義に阻まれてメジャーな位置付けを得ていない。筆者が必死で主張している思いは、決して自分だけのためではない。今の科学文明の時代に、行政の無科学と前例主義の踏襲の犠牲になって国民が泥に埋もれて死んでいく姿が哀れで悲しくて居たたまれない。こんなことをいつまでも続けていると国は疲弊し、国土崩壊に至るのは明らかである。

国民に一人でも多くの理解者を求める次第である。

株式会社技研製作所

1967（昭和42）年、現・代表取締役社長の北村精男が「公害対処企業」として創業。以来、一貫して建設の機械化と無公害化を進め、1975（昭和50）年に世界で初めて「圧入原理」を実用化した無振動・無騒音の油圧式杭圧入引抜機「サイレントパイラー®」を開発、杭打ち工事による建設公害を一掃した。以後、開発型企業として圧入原理の優位性を最大限に生かした新工法・新技術を創出し続け、2017（平成29）年に創業50周年を迎えるとともに、東京証券取引所市場第一部に上場した。国民の視点に立った建設工事のあるべき姿を環境性・安全性・急速性・経済性・文化性の5つの要件に集約して「建設の五大原則」として定め、科学的で原理原則に基づく機械・工法開発の絶対条件としている。早くから既存の防災インフラに警鐘を鳴らし「レスキュー工法」、「ガード工法」として圧入による防災技術の開発を主として進めてきた。地球と一体化した粘り強い構造物を急速に構築できる「インプラント工法®」は、防潮堤・防波堤の補強を始め、老朽化した道路擁壁、鉄道盛土、橋梁、港湾施設、ため池等の耐震強化や山間部の地すべり抑止などで採用され、世界40以上の国と地域に広がっている。

■設立　1978年1月6日（昭和53年）
／創業1967年1月1日（昭和42年）
■代表者　代表取締役社長 北村 精男（きたむら あきお）
■資本金　8,731百万円（2019年8月末現在）
■売上高　32,442百万円（2019年8月期連結）
■時価総額　110,318百万円（2019年11月15日現在）
■従業員数　597名（連結／2019年8月末現在）
■上場証券取引所　東京証券取引所市場第一部
■特許数　総出願数 702件
総登録数 438件（2019年10月末時点）
■実用新案数　総出願数 165件
総登録数 104件（2019年10月末時点）
■主な発明品
・無公害杭圧入引抜機「サイレントパイラー」
・仮設レス施工「GRBシステム」
・回転切削圧入機「ジャイロパイラー」
・「硬質地盤クリア工法」、「上部障害クリア工法」
・「ゼロクリアランス工法」、「コンビジャイロ工法」
・耐震地下駐車場「エコパーク」、同駐輪場「エコサイクル」
他多数
■事業所・施設
高知本社、東京本社（東京）、北海道営業所（札幌）、
東北営業所（仙台）、関西営業所（大阪）、九州営業所（福岡）
関東工場（浦安）、関西工場（丹波）、高知本社工場
高知第二工場、高知第三工場、上海事務所（上海）

■グループ企業
株式会社技研施工
シーアイテック株式会社
Giken Europe B.V.　（オランダ・ドイツ）
Giken Seisakusho Asia Pte.,Ltd.　（シンガポール）
Giken America Corporation　（アメリカ）
J Steel Group Pty Limited　（オーストラリア）
■主な表彰・受賞
○四国地方発明表彰「発明奨励功労賞」、「文部科学大臣発明奨励賞」、「特許庁長官奨励賞」、「中小企業庁長官奨励賞」、「発明奨励賞」／（公社）発明協会○ものづくり日本大賞「経済産業大臣賞」／経済産業省○科学技術功労者「科学技術庁長官賞」／科学技術庁○特許庁長官表彰「工業所有権制度活用優良企業」／特許庁○「グッドデザイン賞」／（公財）日本デザイン振興会○地盤工学会四国支部賞「技術開発賞」／（公社）地盤工学会○土木学会賞「技術賞」／（公社）土木学会○「日本機械学会賞（技術部門）」、「日本機械学会優秀製品賞」／（一社）日本機械学会○「エンジニアリング功労者賞」／（一社）エンジニアリング協会○日本建設機械化協会会長賞「貢献賞」／（一社）日本建設機械施工協会○「ベンチャー・オブ・ザ・イヤー第1位」／日経BP社○高知県地場産業大賞「大賞」、「産業賞」他／（公財）高知県産業振興センター○他多数
■工事実績等その他詳細は
公式ウェブサイト www.giken.com まで

【著者紹介】
北村 精男（きたむら　あきお）

高知県香南市赤岡町生まれ。高校卒業後、高知市の建設機械レンタルと機械施工の会社に勤める。1967（昭和42）年に株式会社技研製作所の前身となる高知技研コンサルタントを創業。社会問題となっていた建設公害を解決すべく圧入原理に着想し、1975（昭和50）年に無公害杭圧入引抜機「サイレントパイラー®」を発明。社是は『仕事に銘を打て』。全国圧入協会（JPA）、国際圧入学会（IPA）を創設し、一般社団法人高知県発明協会会長や一般社団法人高知県工業会会長などの公職を歴任。2002（平成14）年に紫綬褒章、2011（平成23）年に旭日小綬章（発明功労）を受章。2018（平成30）年には世界の海洋基礎産業への革新的な活動に対して授与される「ベン・C・ガーウィック賞」（Deep Foundations Institute 主催）を日本人で初めて受賞。

国土崩壊（こくどほうかい）
「土堤原則（どていげんそく）」の大罪（たいざい）

2020年5月19日　第1刷発行

著　者　　北村精男
発行人　　久保田貴幸

発行元　　株式会社 幻冬舎メディアコンサルティング
〒151-0051　東京都渋谷区千駄ヶ谷4-9-7
電話　03-5411-6440（編集）

発売元　　株式会社 幻冬舎
〒151-0051　東京都渋谷区千駄ヶ谷4-9-7
電話　03-5411-6222（営業）

印刷・製本　中央精版印刷株式会社
装　丁　　本戸優佳

検印廃止

Printed in Japan
ISBN 978-4-344-92792-6 C0052
幻冬舎メディアコンサルティングＨＰ
http://www.gentosha-mc.com/